Ramy Abou-Naccoul

**Pression de vapeur : Mesure et Modélisation**

Ramy Abou-Naccoul

# Pression de vapeur : Mesure et Modélisation

## Méthode dynamique à saturation appliquée sur les HAPs et les sels inorganiques

Presses Académiques Francophones

**Impressum / Mentions légales**
Bibliografische Information der Deutschen Nationalbibliothek: Die Deutsche Nationalbibliothek verzeichnet diese Publikation in der Deutschen Nationalbibliografie; detaillierte bibliografische Daten sind im Internet über http://dnb.d-nb.de abrufbar.
Alle in diesem Buch genannten Marken und Produktnamen unterliegen warenzeichen-, marken- oder patentrechtlichem Schutz bzw. sind Warenzeichen oder eingetragene Warenzeichen der jeweiligen Inhaber. Die Wiedergabe von Marken, Produktnamen, Gebrauchsnamen, Handelsnamen, Warenbezeichnungen u.s.w. in diesem Werk berechtigt auch ohne besondere Kennzeichnung nicht zu der Annahme, dass solche Namen im Sinne der Warenzeichen- und Markenschutzgesetzgebung als frei zu betrachten wären und daher von jedermann benutzt werden dürften.

Information bibliographique publiée par la Deutsche Nationalbibliothek: La Deutsche Nationalbibliothek inscrit cette publication à la Deutsche Nationalbibliografie; des données bibliographiques détaillées sont disponibles sur internet à l'adresse http://dnb.d-nb.de.
Toutes marques et noms de produits mentionnés dans ce livre demeurent sous la protection des marques, des marques déposées et des brevets, et sont des marques ou des marques déposées de leurs détenteurs respectifs. L'utilisation des marques, noms de produits, noms communs, noms commerciaux, descriptions de produits, etc, même sans qu'ils soient mentionnés de façon particulière dans ce livre ne signifie en aucune façon que ces noms peuvent être utilisés sans restriction à l'égard de la législation pour la protection des marques et des marques déposées et pourraient donc être utilisés par quiconque.

Coverbild / Photo de couverture: www.ingimage.com

Verlag / Editeur:
Presses Académiques Francophones
ist ein Imprint der / est une marque déposée de
OmniScriptum GmbH & Co. KG
Heinrich-Böcking-Str. 6-8, 66121 Saarbrücken, Deutschland / Allemagne
Email: info@presses-academiques.com

Herstellung: siehe letzte Seite /
Impression: voir la dernière page
ISBN: 978-3-8416-3303-3

Zugl. / Agréé par: Université Claude Bernard Lyon 1, 2011

*A mon père et ma mère*
*Qui m'ont guidé jusqu'ici*

*A Rody*
*Mon autre moitié*

*A Diala et David*
*Mon support permanent*

*A Amanda*
*Mon âme sœur*

*Mes remerciements s'adressent,*

### A Monsieur Jacques Jose et Madame Ilham Mokbel

Recevez mes plus sincères remerciements pour m'avoir accueilli dans votre laboratoire. Je tiens également à vous exprimer toute ma reconnaissance pour ces trois années de thèse que j'ai passées à vos côtés. Au cours de ces années, votre grande disponibilité, votre rigueur scientifique, votre enthousiasme et vos précieux conseils m'ont permis de travailler dans les meilleures conditions. La confiance que vous m'avez accordée ainsi que nos nombreuses discussions m'ont permis de progresser et de mieux appréhender les différentes facettes du métier d'enseignant-chercheur. Soyez assurés de toute mon estime et de mon profond respect.

### A Monsieur Joseph Saab

« Ma force Electromotrice » Je tiens à vous exprimer ma complète gratitude, respect et amitié pour tout ce que vous a fait pendant cette thèse. Je vous remercie pour votre disponibilité scientifique et humaine. Je vous remercie pour votre amitié qui était le point fort dans les moments de faiblesse. Vos consignes, vos conseilles et votre soutient morale et scientifique pendant l'initiation, la réalisation et la finalisation de cette thèse seront pour toujours d'une valeur inestimable.

### A Ahmed Hajjaji

Je te remercie pour le temps que tu as consacré à chaque fois que j'ai un souci avec le dispositif ou que j'ai besoin de bricoler. Je te remercie pour ta bonne humeur qui fait que l'ambiance au laboratoire soit vraiment agréable.

### Aux membres de l'équipe TAP

Je vous remercie de tout cœur pour ces trois ans. Je vous remercie pour l'amitié que vous avez montrée à mon égard. Je vous remercie pour l'ambiance chaleureuse que vous avez montrée avec grande générosité. A Nadia, Touri, Cécile, Fatiha, Ahmed et Georgio les mots ne suffirons jamais pour vous dire merci.

### A Carlo Razzouk

Je te remercie pour l'aide que tu m'as apporté sans même me connaître. Je te remercie pour le transfert inconditionnel de connaissance que tu as fais avec plaisir et grand cœur. Je te remercie pour rendre mon séjour à Lyon un temps agréable avec une amitié que je garderai pour toujours avec moi.

*A Layale Yaghi*

Mon Mcbuddy je te remercie de tout cœur pour les moments inoubliable qu'on a passé ensemble. Je remercie le support d'ami et l'esprit d'une sœur que tu as échangé pendant ces années. A chaque fois que je me lève et que je regarde le soleil, la prière sera pour toi.

*A Georgio et Salam*

Mes amis, mes frères, j'ai partagé avec vous les moments de joies, de stresses, de fatigues, d'angoisses et de réussites ; je remercie votre amitié généreuse dans tout ces moments ; je vous remercie pour le soutient et l'entourage que vous m'avez assuré

A Chrikteh Nancy, le sourire ultime qui adoucie tout

A Ghada pour ta présence, ton soutien et ton amitié, tu étais la belle rose dans l'équipe de Trex ;

*A mes amis à Lyon*

Je vous remercie infiniment pour être ma deuxième famille, votre présence à Lyon est une nécessité vitale... Je vous remercie toutes et tous, Etienne, Joumana, Khaled, Maria, Amanda, Marie-Rose, Sahar, Nancy, Roland, Michel, Mickel, Elie.

*A mes amis au Liban*

Je vous remercie pour votre amitié à distance, vous étiez présent dans les moments les plus difficile. A Nada, Said, Jean, Nathalie, Jeanne, Rony, Nancy, Myriam, Carlos, merci d'être dans ma vie.

# Table des matières

# INTRODUCTION

Les hydrocarbures aromatiques polycycliques (HAPs) constituent une classe de composés organiques particulière et probablement la plus étudiée en raison de leur caractère cancérigène et mutagène. Ce sont des molécules relativement stables constituées d'atomes de carbone et d'hydrogène organisés en cycles aromatiques condensés.

Les hydrocarbures aromatiques polycycliques sont générés lors de la pyrolyse ou de la combustion incomplète de matières organiques : incinération des déchets agricoles, combustion du bois, du charbon ou des ordures ménagères.

Les HAPs sont également présents dans les produits lourds issus de l'industrie pétrolière, tel que les goudrons. Des accidents liés au transport de ces produits peuvent être à l'origine de l'émission des HAPs dans l'environnement (par exemple au cours d'une "marée noire") mais également lors du fonctionnement des moteurs à essence ou des moteurs diesels. Le tableau Int.1 publié par *Total Petroleum Hydrocarbon Criteria Working Group* donne la composition en HAP de différents produits pétroliers (Essence, Diesel, Huile de moteur, Fuel lourd) (Potter et Simmons, 1998).

L'étude des HAPs présente un intérêt sanitaire et environnemental et un intérêt industriel et fondamental.

   1) Intérêt sanitaire et environnemental

Les HAPs sont des substances solides à température ambiante. Leurs propriétés physiques varient selon leur masse et leur structure moléculaire. Ce sont des molécules biologiquement actives. Une fois accumulées dans les tissus organiques, elles subissent des réactions de transformation sous l'action d'enzymes conduisant à la formation de dihydriols et/ou d'époxydes. Les métabolites ainsi formés peuvent avoir un effet toxique plus ou moins marqué en se liant à des molécules biologiques fondamentales telles que les protéines, l'ARN et l'ADN et en provoquant des dysfonctionnements cellulaires. Outre leurs propriétés cancérigènes, les HAPs présentent un caractère mutagène dépendant de la structure chimique des métabolites formés. Ils peuvent aussi entraîner

1

une diminution de l'activité du système immunitaire augmentant ainsi les risques d'infection.

Compte tenu de leur stabilité et de leur toxicité, seize d'entre eux (figure Int.2) ont été déclarés comme polluants prioritaires par l'agence de protection de l'environnement américaine (EPA) et l'agence européenne de l'environnement (EEA) (INERIS, 2003 ; Luch, I. C. Press, 2005).

Dans l'environnement, la migration et la répartition des HAPs dépendent de leurs propriétés physico-chimiques, à savoir leur solubilité dans l'eau, leur pression de vapeur, leur constante de Henry, leur hydrophobie évaluée à partir du coefficient de partage octanol/eau (Baek et al., 1991).

Leur caractérisation physico-chimique est une nécessité si l'on souhaite établir un bilan de risque complet. La figure Int.1 indique la nature des données physico-chimiques nécessaires à l'estimation des différents risques sanitaires et environnementaux (Albinet, 2006).

```
┌──────────────┐   ┌──────────────┐   ┌──────────────┐   ┌──────────────┐   ┌──────────────┐
│ Pression de  │──▶│ Constante de │◀──│  Solubilité  │◀──│ Coefficient de│──▶│ Coefficient de│
│   vapeur     │   │    Henry     │   │   aqueuse    │   │partage octanol/│  │ sorption dans le│
│              │   │              │   │              │   │  eau (Kow)    │   │  sol (Koc)    │
└──────────────┘   └──────────────┘   └──────────────┘   └──────────────┘   └──────────────┘
```

Figure représentant l'interdépendance des caractéristiques physico-chimiques :

- Estimation de la concentration dans l'air
- Estimation de la concentration dans l'eau
- Estimation de l'adsorption à travers la peau
- Estimation de la bioconcentration
- Estimation des risques d'inhalation
- Estimation de la volatilisation à partir du milieux aqueux
- Estimation de l'elimination des dechets de traitement de l'eau
- Accumulation dans les tissus graisseux
- Estimation de la migration a travers le sol vers les eaux souterainnes

**Estimation des risques sanitaires et environnementaux**

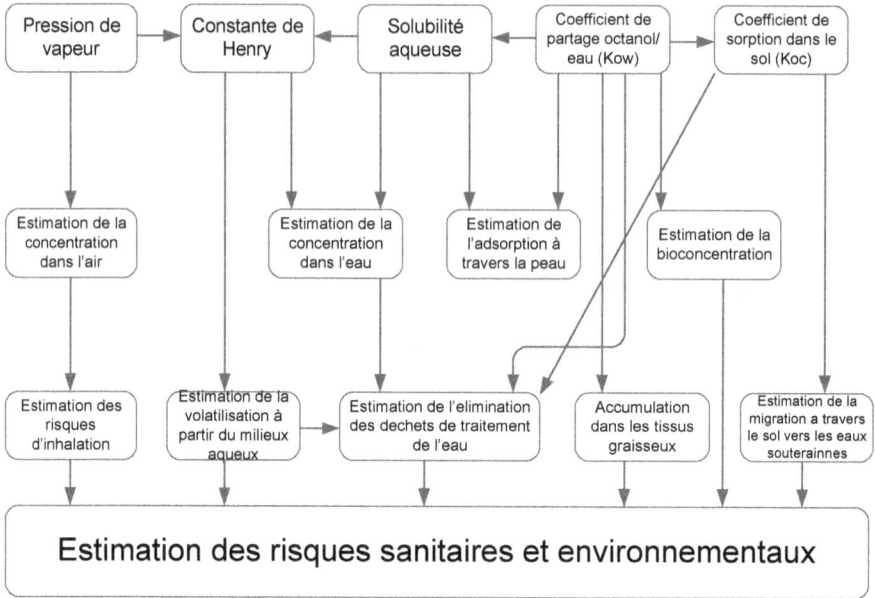

**Figure Int. 1: Interdépendance des caractéristiques physico-chimiques et de l'estimation des risques sanitaires des polluants chimiques**

De même, l'INERIS (Institut national de l'environnement industriel et des risques) a classé la pression de vapeur comme paramètre essentiel pour l'évaluation des dangers liés aux produits mis en œuvre dans un procédé chimique. La connaissance de la loi de variation de la pression de vapeur en fonction de la température des produits mis en jeu permet l'estimation de leur concentration à équilibre dans le ciel gazeux du réacteur ou dans l'atelier, permettant ainsi l'estimation des risques d'inflammation ou d'intoxication (Doornaert et Pichard, 2006 ; HueiChen et ChangChen, 2001 ; INERIS, 2003).

La figure Int.3, rappelle l'allure du diagramme d'état d'un corps pur ne présentant qu'une phase solide. Par définition la pression de vapeur ou de sublimation est la pression à laquelle s'établit respectivement l'équilibre liquide-vapeur ou solide-vapeur à une température donnée. La pression de vapeur est donc comprise entre la pression au point triple et celle au point critique.

2) Intérêt industriel et fondamental

De façon générale, dans le milieu industriel, la pression de vapeur d'un composé est une caractéristique physique importante au même titre que la masse molaire, la densité, etc... C'est une donnée clé pour toute opération d'optimisation et de modélisation d'un procédé chimique. Elle est par exemple indispensable pour l'évaluation de la volatilité relative lors d'une distillation extractive et permet l'optimisation de cette opération unitaire.

Plus particulièrement la connaissance de la pression de vapeur des HAPs est indispensable pour la modélisation des fractions lourdes du pétrole (distillat sous vide), opération préalable à leur valorisation.

Enfin à un niveau plus fondamental, les données de pression de vapeur permettent la vérification des résultats prédits par simulation moléculaire.

Depuis plusieurs années notre laboratoire s'intéresse aux mesures de pression de vapeur des corps purs et des mélanges. De ce fait, plusieurs appareils statiques permettant des mesures de pression de vapeur comprises entre 1 Pa et 4 MPa existent au laboratoire.

Pour couvrir des domaines de pression de vapeur inférieures à 1 Pa, ces dernières années notre équipe s'est engagée dans le développement des méthodes dynamiques dites « indirectes » qui se basent sur la saturation d'un gaz inerte par le composé à étudier (Razzouk, 2006). Les données de pression de vapeur dans ce domaine sont extrêmement rares dans la littérature en raison des difficultés expérimentales.

Le travail présenté dans ce mémoire fait donc suite aux recherches entreprises au laboratoire pour le développement des méthodes dynamiques à saturation de gaz inerte. L'objectif de ces recherches est l'étude des équilibres de phases de composés organiques lourds et des composés minéraux peu volatils.

Ce manuscrit se divise en cinq parties :

*Le premier chapitre* est consacré à la recherche bibliographique relative aux méthodes expérimentales dites directes et indirectes de détermination de la pression de vapeur.

*Le second chapitre* décrit la méthode dynamique à saturation de gaz inerte dite « relative » comportant une analyse en ligne par CPG-FID. L'amélioration de l'appareil existant au laboratoire ainsi que l'optimisation des différentes procédures opératoires en vue de la détermination des pressions de vapeur y sont traitées.

*Le troisième chapitre* présente les résultats expérimentaux concernant des molécules organiques avec la validation du dispositif expérimental par l'étude du phénanthrène. Les pressions expérimentales ainsi que les enthalpies de vaporisation et de sublimation déduites de nos données sont comparées avec celles de la littérature lorsqu'elles sont disponibles.

*Dans le quatrième chapitre* est rappelée l'équation d'état cubique mise au point par Coniglio-Rauzy, basée sur l'équation de Peng-Robinson dont les paramètres sont déterminés par une méthode de contribution de groupes. Son application a été étendue aux structures polyaromatiques grâce aux mesures expérimentales de pressions de vapeur des HAPs.

*Le cinquième chapitre* est une étude prospective de détermination des pressions de vapeur ou de sublimation de composés inorganiques. Le tétrachlorure de zirconium et le tétrachlorure de hafnium ($ZrCl_4$ et $HfCl_4$), composés présentant un intérêt industriel, ont été étudiés. Ces travaux ont été réalisés dans le cadre d'un contrat de recherche avec la société CEZUS-AREVA. La méthode dynamique à saturation de gaz inerte dans sa version dite « absolue » a été choisie. L'évolution du dispositif expérimental et les méthodes de quantification de l'échantillon sont ainsi décrites. La comparaison des valeurs expérimentales avec celles de la littérature est également donnée.

**Tableau Int. 1 : Composition en HAP de divers produits pétroliers**

*Pourcentage massique maximal*

| Substances | Essence | diesel | Huile de moteur | Fuel lourd (ERIKA) |
|---|---|---|---|---|
| Naphtalène | 0,49 | 0,8 | 0,25 | 0,0530 |
| Acénaphtène | Non précisé | Non précisé | Non précisé | 0,0126 |
| Fluorène | Non précisé | 0,15 | 0,011 | 0,0141 |
| Phenanthrene | Non précisé | 0,3 | 0,019 | 0,0535 |
| Anthracène | Non précisé | 0,02 | 0,0047 | 0,0094 |
| Fluoranthène | Non précisé | 0,02 | 0,0091 | 0,0049 |
| Pyrène | Non quantifié | 0,015 | 0,016 | 0,0279 |
| Benzo(a)anthracène | Non quantifié | 0,00067 | 0,0071 | 0,0298 |
| Chrysène | Non précisé | 0,000045 | 0,0085 | 0,0508 |
| Benzo(b) fluoranthène | Non précisé | 0,000194 | 0,000043 | 0,0039 |
| Benzo(k) fluoranthène | Non précisé | 0,000195 | 0,00016 | 0,0019 |
| Benzo(a)pyrène | Non précisé | 0,00084 | 0,0025 | 0,0153 |
| Dibenzo(a,h)anthracène | Non précisé | Non précisé | Non précisé | 0,0021 |
| Benzo(g,h,i)pérylène | Non quantifié | 0,00004 | 0,0048 | 0,0042 |
| Indeno(1,2,3-cd)pyrène | Non précisé | 0,000097 | 0,0061 | 0,0011 |
| Acénaphthylène | Non précisé | Non précisé | Non précisé | 0,0001 |

| | | | |
|---|---|---|---|
| Naphtalène | Acénaphtène | Acénaphtylène | Fluorène |
| anthracène | Phénanthrène | Fluoranthène | Chrysène |
| Pyrène | Benz[a]anthracène | Benzo[b]fluoranthène | Benzo[k]fluoranthène |
| Dibenz[a]anthracène | Benzo[a]pyrène | Benzo[e]pyrène | Benzo[g,h,i]perylène |
| | Indeno[1,2,3-c,d]pyrène | Coronène | |

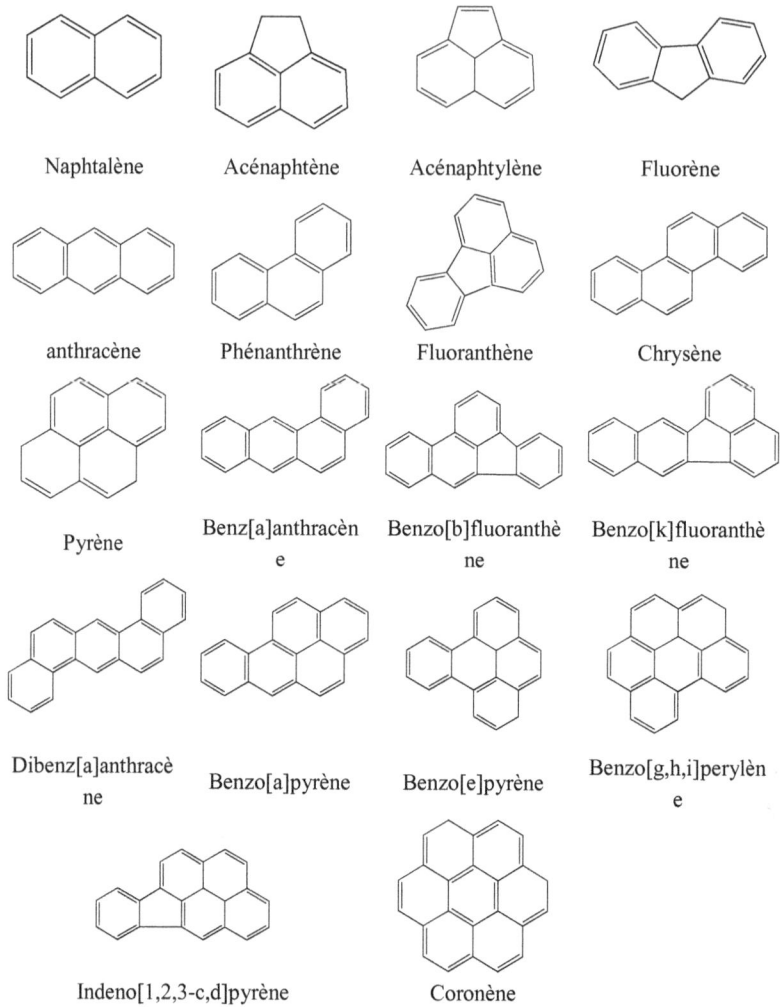

**Figure Int. 2: Structure moléculaire des principaux HAPs**

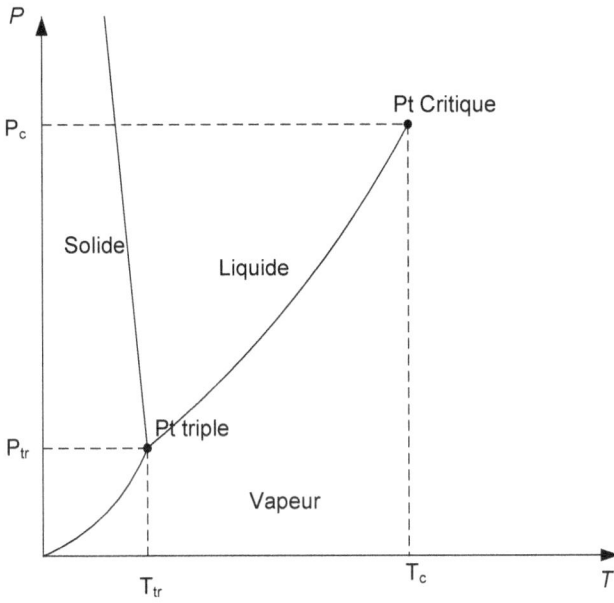

**Figure Int. 3: Diagramme d'état de l'eau dans le plan (*P*, *T*)**

# Chapitre I

## Bibliographie

1. **TECHNIQUES EXPERIMENTALES DE MESURE DE LA PRESSION DE VAPEUR**

De nombreuses techniques expérimentales pour la détermination des pressions de vapeur sont décrites dans la littérature, mais aucune méthode n'est universelle. Généralement les techniques valables pour l'étude des composés volatils ou moyennement volatils ne sont pas adaptées aux mesures portant sur les produits lourds. Il en résulte des écarts importants dans les données rapportées par les différents auteurs pour le même composé, en particulier pour les faibles pressions de vapeur.

Les méthodes expérimentales de détermination des pressions de vapeur sont classées en « statiques » ou « dynamiques ». Les méthodes statiques mesurent la pression exercée par la vapeur à l'équilibre avec le liquide ou solide placé dans une cellule alors que dans le cas des méthodes dynamiques la vapeur émise par le composé étudié est mise en circulation pour être par exemple analysée. De même les techniques expérimentales sont dites « directes » ou « indirectes » selon que la pression de vapeur est la grandeur physique réellement mesurée (par exemple par un capteur de pression) ou calculée à partir d'une autre grandeur physique (par exemple détermination d'une concentration en phase vapeur, perte de masse suite à une vaporisation, etc.). Les méthodes indirectes nécessitent généralement l'étalonnage du dispositif au moyen d'un composé étalon, permettant ainsi le calcul de la pression de vapeur du composé étudié.

La méthode statique, l'effusion, la méthode chromatographique ainsi que la méthode de saturation de gaz inerte (ou transpiration) vont être abordées par la suite afin d'évaluer leur domaine de mesure et leurs limitations.

### 1.1. Dispositif statique pour mesure directe des pressions de vapeur

La méthode statique directe consiste à mesurer la pression de vapeur d'un corps pur ou d'un mélange à l'aide d'un capteur de pression. Pour cela, la substance à étudier est placée dans une cellule préalablement vidée d'air. Le produit dégazé est ensuite maintenu à température constante. Sa pression de vapeur est mesurée lorsque l'équilibre thermodynamique est atteint. L'appareil statique dont nous disposons au laboratoire, est équipé d'un manomètre différentiel. La mesure de la pression consiste à appliquer la pression du côté mesure ($P_1$) de la jauge (g), sachant que le côté référence ($P_2$) est maintenu sous vide grâce à un système de pompe primaire à palettes couplée en série avec une pompe à diffusion. Ainsi, une pression résiduelle de l'ordre de $10^{-4}$ Pa est obtenue ce qui nous permettra de la négliger (Figure I.1) (Sawaya et al., 2006).

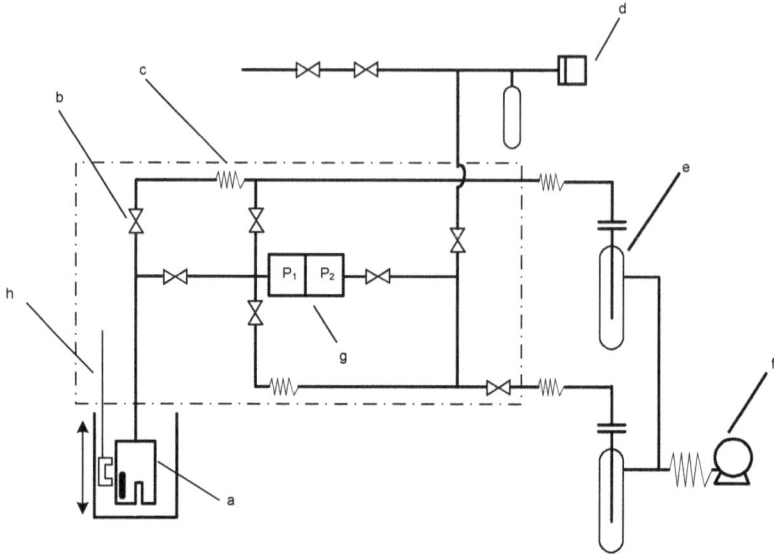

**Figure I. 1: Appareil statique de mesure de la pression de vapeur**
a: cellule de mesure ; b : vanne ; c : Flexible ; d : Capteur de pression « Rosemount » ; e : Piège à azote liquide ; f : système de pompage ; g : capteur de pression « MKS » ($P_1$ : côté mesure – $P_2$ : côté référence) ;          h : agitation à entrainement magnétique

Pour des pressions supérieures à 1,5 kPa (étendue de mesure du capteur MKS), de l'air est introduit du côté référence. Un capteur de pression (Rosemount) permet une mesure précise de la pression de l'air. Ainsi, la gamme de pression mesurable peut atteindre les 200 kPa.

La cellule d'équilibre est équipée d'une agitation à entrainement magnétique, ce qui permet l'étude de corps purs et de mélanges. L'intérêt de l'agitation est de permettre une mise à l'équilibre rapide et d'obtenir une bonne homogénéité dans le cas des mélanges. L'utilisation des cellules en verre munies d'une soudure verre-métal permet de contrôler visuellement le bon dégazage des échantillons peu volatils qui seront dégazés « in situ », directement dans la cellule d'équilibre (a).

11

Dans le cas d'échantillons volatils ou moyennement volatils, afin de limiter la perte en produit ou l'évolution de sa composition, le dégazage est effectué dans un dispositif annexe (figure I.2) dit « de dégazage ». L'échantillon est placé dans une ampoule de chargement durant l'opération d'élimination de l'air du système de dégazage. Le dégazage proprement dit de l'échantillon est réalisé dans l'ampoule équipée d'un système de chauffage. Une mise à ébullition à reflux sous pression réduite permet l'élimination de l'air dissous. Ce dernier est évacué par l'électrovanne de purge qui s'ouvre brièvement à intervalle de temps régulier.

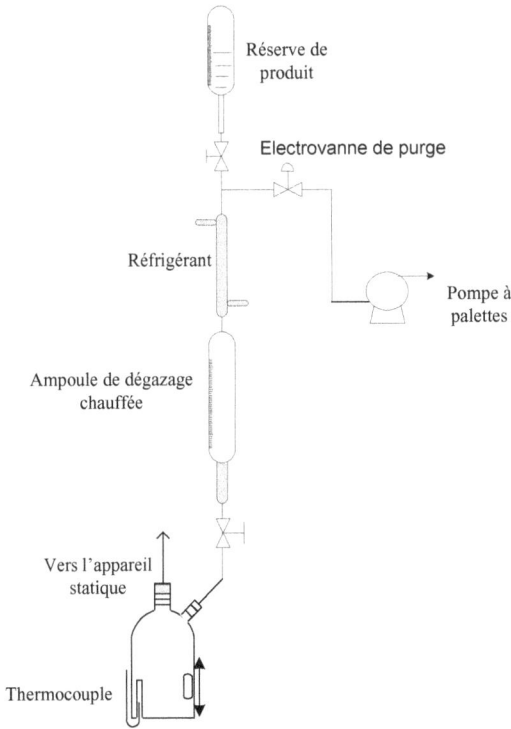

**Figure I. 2: Système de dégazage des produits volatils**

La bonne maîtrise de l'opération de dégazage est primordiale pour l'obtention de résultats corrects.

A noter que les canalisations, les vannes et le capteur de pression (zone délimité par les pointillés, figure I.1) sont maintenus à une température supérieure à celle de la cellule d'équilibre afin d'éviter tout risque de condensation des vapeurs dans le dispositif.

Bien que cet appareil présente une grande fiabilité, son inconvénient majeur est sa limitation aux mesures de pressions de vapeur supérieures à 0,1 Pa.

Ce dispositif statique sera utilisé par la suite afin de valider le dispositif expérimental à « saturation de gaz inerte » développé dans le cadre de la thèse.

### 1.2. La méthode d'effusion de Knudsen

Les méthodes d'effusion, dans leurs versions originales, déterminent la pression de vapeur d'un composé à partir de la mesure de la perte de poids d'une cellule placée dans le vide et comportant un petit orifice.

La base théorique de la méthode d'effusion est la théorie cinétique des gaz à partir de laquelle Knudsen a déduit une expression pour l'écoulement isotherme lent des vapeurs par des orifices de faibles dimensions. Dans la pratique l'échantillon est placé au fond d'une cellule cylindrique et la vapeur effuse dans le vide en dehors de la cellule par un trou aménagé à sa partie supérieure (Booth et al., 2009 ; RibeirodaSilva et al., 2006).

Cette dernière est placée dans une enceinte thermostatée soumise à un vide poussé. La cellule est pesée au début et en fin d'effusion à l'aide d'une balance qui peut être externe ou interne au dispositif. En aval, la vapeur peut être condensée et piégée par cryogénie, par l'acétone glaciale ou à l'azote liquide en vue d'être analysée (figure I.3).

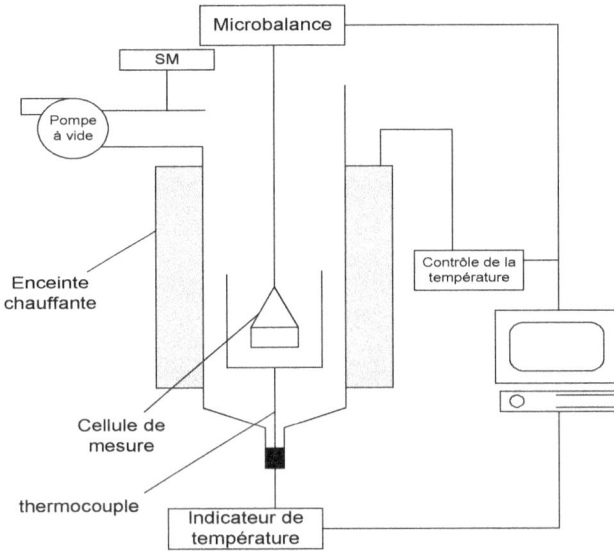

**Figure I. 3: Schéma de l'appareil d'effusion de Knudsen**

La pression de vapeur est calculée à partir de la relation I.1:

$$P_k = \frac{m}{A_o K_o t} \sqrt{\frac{2\pi RT}{M}} \qquad \textbf{(I.1)}$$

$P_k$ : pression de vapeur saturante à proximité de l'orifice

$m$ : perte de masse dans un intervalle de temps $t$

$A_o$ : surface de l'orifice de la cellule d'effusion

$R$ : constante des gaz parfaits

$T$ : température absolue

$M$ : masse molaire du composé en étude

$K_o$ : facteur de Clausing

Le terme $K_o$, ayant des valeurs allant de zéro à l'unité, est introduit pour corriger le fait que l'orifice n'a pas une épaisseur de paroi « nulle ». Ce terme peut être physiquement

14

interprété comme la probabilité qu'a une molécule entrant dans l'orifice de la chambre d'effusion d'atteindre l'extérieur de l'orifice. Le facteur de Clausing est une fonction de l'épaisseur et du rayon du trou de la cellule d'effusion. Il peut être théoriquement calculé à partir des dimensions de l'orifice de la cellule suivant la relation I.2 :

$$K_o = \frac{1}{1 + (3l/8r)} \qquad \text{(I.2)}$$

$l$ : longueur du canal $r$ : rayon de l'orifice

Le tableau I.1 donne des exemples de valeurs de $K_o$ (Booth et al., 2009 ; RibeirodaSilva et al., 2006).

**Tableau I. 1 : Valeurs de facteur de Clausing selon le rapport $l/r$**

| $l/r$ | $K_o$ | $l/r$ | $K_o$ |
|-------|-------|-------|-------|
| 0 | 1,00 | 0,600 | 0,771 |
| 0,100 | 0,952 | 0,700 | 0,743 |
| 0,200 | 0,909 | 0,800 | 0,717 |
| 0,300 | 0,870 | 0,900 | 0,694 |
| 0,400 | 0,834 | 1,00 | 0,672 |
| 0,500 | 0,801 | 2,00 | 0,513 |

Le calcul de ce facteur peut se faire par étalonnage au cas où les dimensions de l'orifice de la cellule ne sont pas connues exactement. Dans ce but un composé de pression de vapeur connue est introduit dans la cellule de mesure, $K_o$ est déduit des résultats expérimentaux (RibeirodaSilva et Monte, 1990).

La pression de vapeur $P_k$ (relation I.1) n'est pas cependant exactement égale à la pression de vapeur saturante à l'équilibre liquide-vapeur $P_{eq}$. Un facteur correctif doit être introduit selon la relation I.3 :

$$P_{eq} = P_k \left[ 1 + \frac{K_o . A_o}{A_s} \left( \frac{1}{\alpha} + \frac{1}{K_c} - 2 \right) \right] \qquad \text{(I.3)}$$

$P_{eq}$ : Pression de vapeur saturante à l'équilibre

15

$K_c$ : rapport entre le rayon et la hauteur de la cellule de mesure appelé « facteur de probabilité »

$A_s$ : surface de la section transversale de la cellule

$\alpha$ : coefficient de condensation ou probabilité qu'a une molécule d'être retenue lorsqu'elle heurte la surface de la phase condensée.

### 1.2.1. Signification du coefficient de condensation

A l'équilibre de vaporisation, en absence du phénomène d'effusion, le nombre de molécules qui heurtent la surface de la phase condensée par unité de temps et qui y sont retenues est égal au nombre de molécules émises par cette surface durant le même intervalle de temps. Cependant la totalité des molécules heurtant la surface de la phase condensée n'est pas nécessairement retenue par cette dernière : la probabilité de condensation $\alpha$ peut donc être inférieure à l'unité. En présence de l'effusion, le système n'est plus à l'équilibre, la pression au-dessus du liquide est nécessairement inférieure à la pression de saturation.

Le taux d'effusion est alors donné par la relation :

**Taux d'effusion = Taux de vaporisation – Taux de condensation**

En conséquence le taux d'effusion représente la différence entre le taux de vaporisation et celui de condensation.

Langmuir a montré que $\alpha$ est égal à l'unité dans le cas des métaux. Verhoek et Marshal ont montré qu'il en est de même pour les produits organiques ayant un point d'ébullition élevé. Généralement le coefficient de condensation $\alpha$ reste compris entre 0,7 et 1. Par contre $\alpha$ peut prendre des valeurs très faibles (0,1 voire 0,001) pour les molécules ayant une structure différente en phase vapeur et en phase condensée (suite par exemple à une dimérisation en phase vapeur) (Chen et al., 2006 ; DelleSite, 1997).

Il faut noter que cette correction est dans la plupart des cas proche de l'unité ce qui la rend négligeable et le calcul de la pression de vapeur se limite alors à la relation I.1.

16

### 1.2.2. Détails techniques

La connaissance des divers paramètres précédemment mentionnés est primordiale pour la détermination des pressions de vapeur. Diverses améliorations ont porté principalement sur la façon de réaliser l'orifice de la cellule afin d'aboutir à une surface lisse. Les trous d'effusion étaient tout d'abord faits en utilisant des perceuses, mais les orifices obtenus par cette technique présentaient des bords non lisses rendant impossible la mesure de leur périmètre avec exactitude. Ainsi, pour surmonter ce problème de nouvelles techniques ont été adoptées, comme l'électro-corrosion et la gravure chimique (figure I.4).

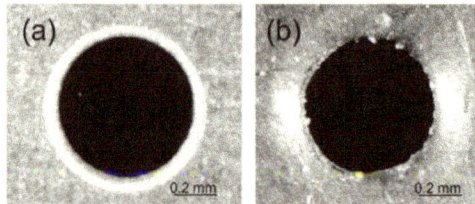

**Figure I. 4: Microphotographie d'un trou d'effusion d'une cellule de Knudsen (a) : gravure chimique – (b) : perçage mécanique**

Même si la pression de vapeur est évidemment indépendante du diamètre de l'orifice, il est recommandé que ce dernier soit plus petit que le libre parcours moyen des molécules en effusion (distance parcourue entre deux chocs successifs). Le diamètre de l'orifice doit être cependant inversement proportionnel au taux de vaporisation si bien que pour les faibles pressions de vapeur un orifice large est fortement recommandé (diamètre entre 3 et 5 mm).

De plus, le vide imposé au système doit maintenir une pression résiduelle très inferieure à la pression de vapeur mesurée et doit être établi d'une façon brusque, ce qui pose un problème dans la mesure de très basses pressions de vapeur (de l'ordre de $10^{-5}$ à $10^{-6}$ Pa).

Différentes versions de ces dispositifs existent. Certains comportent plusieurs cellules de mesure. Ainsi des dispositifs expérimentaux à neuf cellules de mesure ont été utilisés afin d'étudier simultanément l'influence de plusieurs paramètres (diamètre d'orifice et l'influence de la dimension de la cellule sur les mesures).

### 1.2.3. Méthode torsion/effusion

Cette méthode est basée sur le principe d'effusion des gaz par deux orifices excentriquement situés exerçant ainsi un couple sur la cellule de mesure. Si celle-ci est suspendue par un fil fin, la force de l'effusion conduit à une rotation de la cellule (figure I.5). La mesure de l'angle de torsion et la connaissance (par le calibrage) de la constante de torsion du fil permettent de calculer la force de l'effusion. En rapportant cette force à la géométrie de la cellule, la pression de vapeur peut alors être déterminée selon la relation I.4 :

$$P_T = \frac{K 2\theta}{\sum_{i=1}^{n} (a_i f_i d_i)} \qquad \textbf{(I.4)}$$

$P_T$ : pression totale

$K$ : constante de torsion

$\theta$ : angle de flexion mesuré

$f_i$ : facteur de force

$a_i$ : surface de l'orifice

$d_i$ : distance entre les cellules

$i$ : nombre de cellules de Knudsen

Le dénominateur de la relation I.4 est une constante qui est généralement déterminée par l'étude d'une substance étalon.

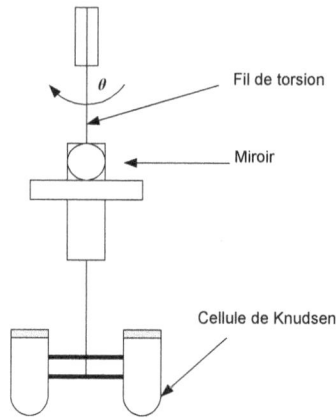

**Figure I. 5 : Principe de la cellule Knudsen**

Cette méthode est souvent couplée à celle de perte de masse par effusion pour confirmer les valeurs expérimentales obtenues (Blair et Munir, 1971 ; Chandraa et al., 2005).

### 1.3. Méthode Chromatographique

La technique de mesure de pression de vapeur par chromatographie en phase gazeuse se base sur le temps ou le volume de rétention d'un composé qui est inversement proportionnel à sa pression de vapeur selon la relation I.5 établie par Herington en 1957 (DelleSite, 1997) :

$$\frac{t_{R_2}}{t_{R_1}} = \frac{P_1}{P_2} \frac{\gamma_1}{\gamma_2}$$ (I.5)

$t_R$ : le temps de rétention

$P$ : la pression de vapeur à saturation

$\gamma$ : le coefficient d'activité du soluté dans la phase stationnaire.

Les indices 1 et 2 correspondent au constituant 1 et 2, l'un étant considéré comme référence.

19

La principale difficulté de cette méthode est le choix du composé référence. Si ce dernier et le composé inconnu donnent les mêmes interactions chimiques avec la phase stationnaire, par suite de l'égalité des coefficients d'activité, la relation I.5 devient :

$$\frac{t_{R_2}}{t_{R_1}} = \frac{P_1}{P_2} \qquad (I.6)$$

C'est sous cette forme simple que la méthode est mise en œuvre.

Différents auteurs exploitent les résultats des analyses chromatographiques selon la méthode mise au point par Hamilton en 1980. Cela consiste à combiner la relation I.6 à celle de Clausius-Clapeyron. L'auteur en a ainsi déduit la relation I.7, le constituant 2 étant considéré comme composé de référence (Hamilton, 1980).

$$Ln(\frac{V_{R_2}}{V_{R_1}}) = (1 - \frac{L_1}{L_2})LnP_2 - C \qquad (I.7)$$

Avec $V_{R_i} = t_{R_i} * D$

$V$ : volume de rétention spécifique

$L$ : enthalpie de vaporisation

$C$ : constante

$D$ : débit de gaz vecteur

Ainsi l'ajustement de $Ln(\frac{V_{R_2}}{V_{R_1}})$ en fonction de $LnP_2$ donne une droite dont on déduit les paramètres $L_1/L_2$ et C. La pression de vapeur du composé inconnu 1 se calcule alors à partir de la pression de vapeur de référence 2 selon la relation I.8 :

$$Ln(P_1) = \left({L_1}\middle/{L_2}\right)Ln(P_2) + C \qquad \text{(I.8)}$$

Le principal intérêt de la méthode est que le rapport $L_1/L_2$ varie relativement peu en fonction de la température.

Dans le but de limiter les interactions moléculaires soluté/phase stationnaire (Hamilton, 1980 ; Lei et al., 2002 ; Peacock et Fuchs, 1977), ces dernières sont généralement apolaires ou peu polaires telles que :

- SE30 (100% methylsilicium)

- OV1 (100% dimethylpolysiloxane)

- Apolane 87

La seule phase stationnaire rigoureusement non polaire est en fait le squalane (hydrocarbure ramifié en C30). Cependant sa température maximale d'utilisation est très faible (environ 100 à 120°C), afin d'éviter les pertes par vaporisation. Ce fait limite fortement son utilisation.

La méthode chromatographique a été largement utilisée par de nombreux auteurs (Bidleman, 1984 ; Chickos et al., 2003 ; Hamilton, 1980 ; Lei et al., 2002 ; Nichols et al., 2006) pour la détermination de la pression de vapeur des composés suivants :

- Alcanes

- Esters

- Phénothiazines

- Barbiturates

Généralement les auteurs étudient des séries homologues en utilisant un des constituants de la série comme composé référence ce qui limite le risque d'interactions moléculaires trop différentes entre inconnu et étalon. Il n'est pas du tout sûr cependant que le coefficient d'activité de l'inconnu et de la référence soient égaux quelque soit le composé de la série homologue et quelle que soit la température.

Signalons enfin que les analyses chromatographiques peuvent donner lieu à des phénomènes d'adsorption des solutés en plus des interactions avec la phase stationnaire induisant ainsi une source supplémentaire d'erreur. Il en résulte que des erreurs systématiques, parfois très importantes (200 % et même 400 %) ont été mises en évidence, particulièrement dans le domaine des faibles pressions de vapeur.

### 1.4. Méthode de transpiration (saturation de gaz inerte)

Cette technique appartient à la catégorie des méthodes dynamiques. Elle a été imaginée en 1845 par Regnault. Malgré son grand potentiel, cette méthode a été longtemps limitée par les performances des techniques d'analyse mises en œuvre. Le principe de la méthode est basé sur la production d'une vapeur saturée grâce au passage d'un gaz inerte à travers une colonne thermostatée remplie par le composé pur ou imprégné sur un support solide (Figure I.6) (DelleSite, 1997 ; Verevkin, 2004 ; Verevkin et Emel'yanenko, 2008).

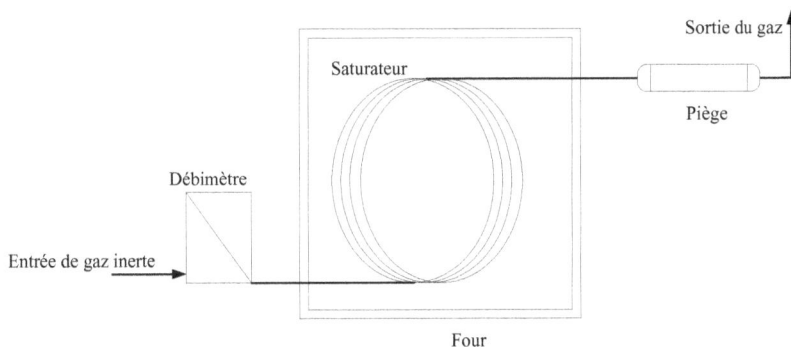

**Figure I. 6: Méthode dynamique à saturation de gaz inerte**

La pression de vapeur saturante dans ce cas est la pression partielle du composé dans le gaz issu du saturateur. Classiquement la vapeur générée est collectée en phase solide ou liquide par des pièges. La quantité piégée est déterminée par la suite par des méthodes analytiques adéquates ou par simple pesée.

La pression de vapeur est déduite en admettant un comportement « parfait » du gaz issu du saturateur.

Cette méthode présente plusieurs contraintes et précautions à respecter afin de pouvoir mesurer des faibles pressions de vapeur avec exactitude. Ainsi, une optimisation de plusieurs paramètres dépendant du dimensionnement et du fonctionnement des saturateurs est nécessaire. *(Sonnefeld et al., 1983)* ont étudié l'influence du temps de séjour du gaz dans les saturateurs et a trouvé qu'une durée de 30 secondes est suffisante dans le cas des pressions de vapeur de l'ordre de $10^{-4}$ Pa.

Le volume de gaz inerte introduit est mesuré en entrée ou en sortie des saturateurs par des débitmètres, en tenant compte des corrections de température et de pression.

La quantification de l'analyte piégé peut se faire par plusieurs méthodes, telles que (DelleSite, 1997) :

a. Pesée du piège ou des saturateurs (gain ou perte de masse)

b. Méthode d'analyse chromatographique (Chromatographie en phase gazeuse ou liquide)

c. Méthodes d'analyse spectrale (UV-Visible, Infrarouge, fluorescence, etc.)

d. Scintillation liquide

e. Méthodes électrochimiques

Ainsi la précision et la justesse de la méthode dynamique à saturation de gaz inerte sont largement dépendantes des performances de la technique de quantification de l'analyte piégé.

## 2. OBJECTIF

Notre travail a pour but de mesurer des pressions de vapeur et de sublimation de polyaromatiques dans un domaine de température allant de 40°C à 240 °C. Ces résultats seront utilisés par la suite pour développer une méthode de contribution de groupe permettant la prévision des pressions de vapeur des polyaromatiques.

Dans un tel domaine de pression, les seules méthodes pouvant être utilisées sont l'effusion et la transpiration. L'étude bibliographique précédente, ainsi que des travaux préalables déjà réalisés au laboratoire, nous ont conduits à retenir la méthode de transpiration encore dite de « saturation de gaz inerte ». Un appareil basé sur ce principe existait déjà au laboratoire lorsque nous avons débuté nos travaux (Razzouk, 2006). Malgré les bons résultats obtenus, les mesures de pressions de vapeur avaient une durée excessive : 18 heures pour des pressions de vapeur de l'ordre de $10^{-4}$ Pa.

Lors de la prise en main de l'appareil, nous avons entrepris, dans un premier temps, l'amélioration de ses performances : maîtrise des phénomènes d'adsorption, réduction significative du temps de mesure. Par la suite, nous avons étudié 4 alcanes et 8 hydrocarbures aromatiques polycycliques.

# Chapitre II

## Dispositif expérimental de mesure des faibles pressions de vapeur adapté à l'étude des composés organiques

**1. DISPOSITIF EXPERIMENTAL DISPONIBLE AU LABORATOIRE**

Le dispositif expérimental est principalement constitué de deux parties (Figure II.1):

- Une étuve constituant le compartiment de saturation du gaz inerte

- Un CPG équipé d'une colonne semi-capillaire et d'un détecteur FID permettant l'analyse et la quantification en ligne des produits issus des saturateurs.

Le compartiment de saturation comporte deux saturateurs constitués par des colonnes remplies dont les supports sont imprégnés respectivement par le composé inconnu et par un composé étalon de pression de vapeur connu à la température de consigne.

La pression de vapeur de l'inconnu est donc déduite de celle de l'étalon, cette méthode relative de mesure constitue l'originalité de l'appareil (Brevet n° 2834794).

Dans le compartiment de saturation, chaque saturateur est relié à un débitmètre massique via une électrovanne. Les débitmètres contrôlant le gaz d'entrainement sont à faible perte de charge et peuvent délivrer un débit allant de 0,2 à 10 mL.min$^{-1}$ avec une précision de ±1%. La pression en aval des débitmètres est égale à la pression atmosphérique, la perte de charge dans la colonne semi-capillaire d'analyse étant négligeable. Ce système monté en amont des saturateurs permet le contrôle et la régulation des débits du gaz de saturation. Un serpentin de préchauffage permet la mise en température du gaz d'entrainement.

Le transport de la phase vapeur entre l'étuve et le CPG est assuré par la colonne semi-capillaire d'analyse. Cette colonne est « surchauffée » localement, grâce à un manchon de chauffage qui peut être porté jusqu'à 300°C. Le rôle de cette zone surchauffée est de transférer la phase vapeur issue des saturateurs vers la zone de piégeage (colonne semi-capillaire placée dans le CPG) en minimisant les risques d'adsorption. Une fois que la quantité piégée est estimée quantifiable, les électrovannes $V_1$ et $V_3$ sont arrêtées et un gaz vecteur propre est envoyé via $V_2$ directement à la liaison chauffante. Le rôle de ce dernier est d'éluer les composés piégés en tête de la colonne semi-capillaire du CPG.

L'élution de l'inconnu et du composé étalon est assurée grâce au programme de température du four chromatographique.

L'ensemble du dispositif est commandé par un intégrateur type *HP 5880-A* qui assure à la fois le séquençage des électrovannes, l'enregistrement des chromatogrammes et le traitement des surfaces correspondantes.

Ce dispositif expérimental a montré son efficacité dans la détermination de faibles pressions de vapeur d'alcanes lourds allant jusqu'à l'hexacontane (Razzouk, 2006).

Cependant malgré les résultats originaux obtenus, le dispositif présente plusieurs inconvénients et limitations. Ceux-ci sont surtout liés à la durée des mesures relativement longues suite à un équilibre difficile à atteindre et à des problèmes d'adsorption au niveau de la liaison chauffante entre le four et le CPG. De plus des limitations en pression et en température font que le dispositif ne peut pas fonctionner à une température inférieure à 70°C (problème de régulation du four contenant les saturateurs) et ne permet pas de mesurer une pression supérieure à 300 Pa (saturation de l'intégrateur). Il en résulte une limitation de l'étude des pressions de vapeur dans une gamme restreinte de températures, souvent supérieures à celle de la sublimation.

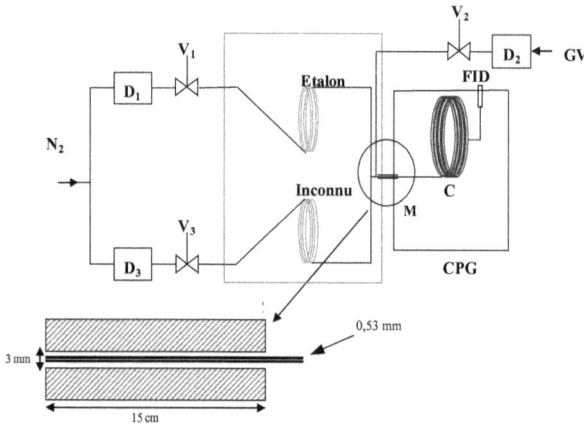

**Figure II. 1 : Dispositif dynamique à saturation de gaz inerte**
$D_1$, $D_2$, $D_3$ : Débitmètres massiques ; $V_1$, $V_2$, $V_3$ : Electrovannes ;
C : Colonne semi-capillaire diamètre interne 0,53 mm ; M : Manchon régulé entre 200 et 300°C ; GV :
Gaz vecteur ; FID : Détecteur à ionisation de flamme.

## 2. AMELIORATION DU DISPOSITIF

Afin de remédier aux limitations du dispositif, des modifications ont été apportées au niveau du matériel et du mode de circulation du gaz saturé en composé. Le nouveau dispositif est présenté dans la figure II.2.

Le chromatographe en phase gazeuse (CPG) a été équipé d'un injecteur « on-column » ce qui permet la détermination précise du facteur de réponse entre le composé de référence et l'inconnu. La donnée de ce facteur est nécessaire pour le calcul de la pression de vapeur de l'inconnu.

De plus, afin de mieux contrôler les phénomènes d'adsorption et de désorption de la liaison chauffante entre le four de saturation et le CPG d'analyse, nous avons installé un régulateur de température permettant de maintenir cette zone à une température élevée allant jusqu'à 400°C ± 1°C. Cette liaison est équipée d'un thermocouple et d'une sonde de platine pour un contrôle rigoureux de la température. Un ventilateur a également été placé au niveau de la liaison chauffante afin d'éviter une surchauffe du système électronique du CPG.

Le four contenant le saturateur a été remplacé par une étuve ventilée permettant de réguler une température entre 30°C et 400°C. L'étuve a été équipée d'une ventilation supplémentaire pour le bon fonctionnement des systèmes électroniques. Le système de régulation de la liaison chauffante a été monté sur l'étuve pour commodité de contrôle.

Le dispositif de saturation comporte 3 électrovannes commandées par un système informatique pour le séquençage des différentes opérations allant du piégeage jusqu'à l'élution. Ces électrovannes peuvent être également commandées manuellement.

Le dispositif de saturation et le CPG sont commandés par ordinateur grâce au logiciel *GC ChemStation Rev.10.02* par l'intermédiaire d'un bus parallèle relié à une carte d'expression placé dans la carte mère du CPG. Il est ainsi possible de contrôler et de gérer tout le système, du piégeage jusqu'à la stabilisation du système après analyse et élution des pics. L'adaptation du logiciel à nos besoins nous a permis de créer des séquences piégeage – analyse si bien que l'ensemble du dispositif peut fonctionner automatiquement pendant plusieurs jours si nécessaire.

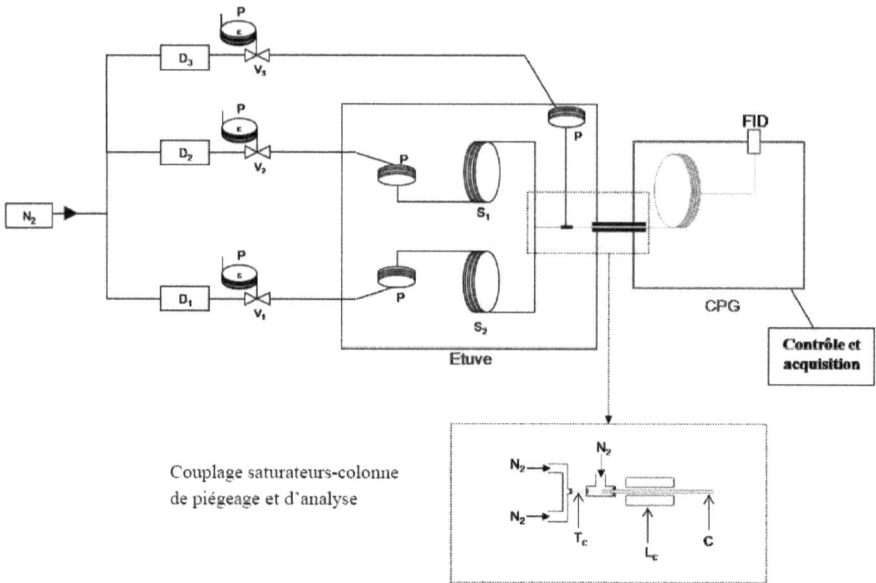

**Figure II. 2: Dispositif dynamique à saturation de gaz inerte après modifications**

Avec

$S_i$ : saturateur ou colonnes de saturation en Inox (L=2m ; $\emptyset_{ext}$=1/8'')

$D_i$ : débitmètre massique BRONKHORST 0-10 mL.min$^{-1}$ (numérique)

$V_i$ : electrovanne de commande (kuhnke - pression maximale 8 bar)

$P_c$ : colonne remplie de silice inerte créant une perte de charge

P : pré-colonne vide en inox de chauffage du gaz inerte à la température de consigne (L=3m ; $\emptyset_{ext}$=1/16'')

$T_c$ : tube capillaire en silice désactivée (L=1m ; $\emptyset_{ext}$=0,32 mm)

$L_c$ : liaison chauffante (température maximale 300°C)

C : colonne Semi-Capillaire de piégeage et d'analyse (BPX1 : 10m, $\emptyset_{int}$= 0,53 mm ; épaisseur de film : 2,65 µm).

29

### 2.1. Couplage saturateurs – colonne de piégeage et d'analyse

L'arrivée du gaz saturé dans la zone de piégeage a fait également l'objet d'une amélioration. Dans la version originale de l'appareil, les deux circuits de gaz saturé et l'arrivée du gaz vecteur étaient connectés directement à la colonne de piégeage et d'analyse. Lors de l'étape de piégeage le circuit du gaz vecteur était interrompu. Ce dernier était rétabli lors de l'étape d'analyse (gaz de saturation interrompu). Il en résulte alors une désorption des composés dans la liaison saturateur – colonne de piégeage. Cette désorption, suivie d'une nouvelle adsorption dans les canalisations lors de l'étape de piégeage suivante empêchaient le système d'atteindre un régime stationnaire et contribuaient à des résultats fluctuants.

Dans le nouveau dispositif, les sorties du gaz saturé sont reliées à un tube capillaire de silice vierge qui pénètre directement dans la colonne d'analyse jusqu'à la zone de piégeage C (figure II.2). Le gaz vecteur est connecté via un té 1/16", et passe dans la zone annulaire comprise entre la colonne d'analyse et le tube en silice vierge. Ainsi le gaz vecteur ($D_3$) est en contact avec les composés uniquement lors de son arrivée dans la colonne d'analyse. (Figure II.2)

### 2.2. Mesure de la température

Les températures des colonnes de saturation sont mesurées grâce à un thermocouple cuivre-constantan étalonné entre 30 et 300°C par rapport à un thermomètre à résistance de platine (Leeds et Northrup) associé à un pont de Mueller type G2. Ce dernier permet de réaliser des mesures de températures à ± 0,001°C. Le lissage de la f.e.m a été effectué par un polynôme du troisième degré. La f.e.m est mesurée avec une incertitude de ± 0,001 mV. Compte tenu du coefficient de température du thermocouple, l'incertitude sur la température est de ± 0,02°C. La soudure de référence du thermocouple est maintenue dans de la glace fondante.

### 2.3. Préparation des saturateurs

Des colonnes de 2 mètres de longueur ont été réalisées avec un tube en acier inoxydable de 3 mm (1/8'') de diamètre externe et 2 mm de diamètre interne. Les extrémités sont polies et serties avec un écrou en acier inoxydable (marque Swagelok) en 1/8'' et une ferrule en acier inoxydable. Avant remplissage par la phase imprégnée, la colonne est rincée avec un volume d'environ 50 mL d'acétone 99% aspiré sous vide avec une trompe à eau, puis séchée deux fois, à l'aide d'un "décapeur thermique", toujours sous aspiration.

Deux méthodes différentes sont utilisées pour l'imprégnation du support solide :

*Méthode A :*

L'imprégnation peut se faire par dissolution du produit dans un volume minimum de solvant suivi d'une évaporation. Dans ce but, une quantité comprise entre 5 et 6g de support inerte de type *Chromosorb P NAW 100/120 mesh* (surface spécifique de 4-6 m²/g) est introduite dans un ballon monocol rodé. En parallèle une quantité comprise entre 500 mg et 1g de composé est dissoute dans le minimum de solvant (environ 50 mL de dichlorométhane ou de toluène). La solution homogène ainsi obtenue est versée dans le ballon contenant le support.

Le mélange est agité pendant 24 heures avant de procéder à son évaporation. L'agitation peut se faire par oscillations pour les imprégnations à froid (soluté dissout à froid dans le minimum de solvant) ou par rotation à chaud pour les imprégnations faites à température élevée (faible solubilité du soluté dans le solvant froid). Après agitation, le solvant est éliminé à l'aide d'un évaporateur rotatif.

L'évaporation est réalisée à pression atmosphérique ou sous vide (vide primaire de l'ordre de 5 à 10 kPa) selon le type de solvant, sachant que la température du ballon ne doit pas dépasser 70°C afin d'éviter une évaporation rapide. Lors d'une évaporation sous-vide, la pompe à palettes est protégée par un piège à azote liquide. La température du bain est contrôlée par un thermocouple et la vitesse de rotation est réglée de façon à limiter la dispersion de la phase imprégnée dans le ballon (20-30 tours mn⁻¹). De plus, l'inclinaison du réfrigérant est ajustée de façon à ne pas avoir un reflux de solvant dans le mélange en cours d'évaporation. Après évaporation de la totalité du solvant, la phase imprégnée est récupérée pour être séchée par la suite dans une étuve pendant 2 heures à 100°C.

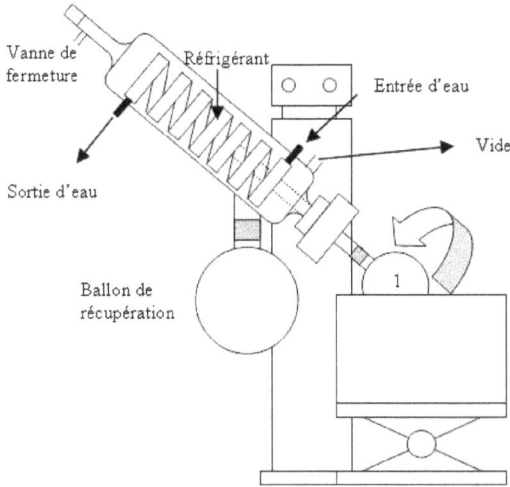

**Figure II. 3: Schéma de l'évaporateur rotatif**

*Méthode B :*

La seconde méthode présente l'avantage de minimiser les risques de contamination. Cette méthode consiste à pousser une solution de produit dans une colonne remplie de support sec (Figure II.4).

On place le composé et le solvant (toluène) dans le tube en verre T. La colonne contenant une masse d'environ 2 à 3 g de support « vierge » est connectée à la vanne $V_2$. L'ensemble est porté à 100°C dans une étuve. Lorsque le liquide est homogène, on introduit de l'azote à une pression de 3 bar en ouvrant $V_1$ puis $V_2$. Le liquide pénètre lentement dans la colonne. Dès que la première goutte de liquide apparaît à la sortie S de la colonne, on ferme la vanne $V_2$. Le volume de la solution introduite (environ 4 mL) correspond au volume mort de la colonne. La colonne est ensuite désolidarisée du dispositif et placée dans une étuve à 115°C pendant deux jours, ce qui permet l'évaporation lente du toluène. Elle est ensuite adaptée à l'appareil de saturation, l'entrée de l'azote de saturation étant côté E.

32

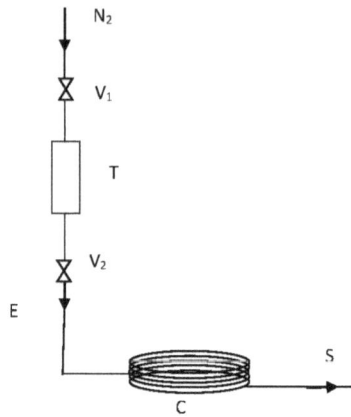

**Figure II. 1: Dispositif d'imprégnation de la colonne par du n-C₁₀**
C : colonne à saturation remplie de support ; E : côté entrée de la colonne ; S : côté sortie de la colonne ;
$V_1$, $V_2$ : vannes ; T : tube en verre ($\varnothing_{ext}$ = 10 mm ; L = 10 cm)

## 2.4. Remplissage et conditionnement

Dans le cas de la méthode « A », le remplissage de la colonne se fait manuellement. La colonne vide est reliée à un entonnoir à l'aide d'un tuyau. L'autre extrémité de la colonne est obstruée par un tampon en laine de verre. Le support imprégné est placé dans l'entonnoir et le remplissage se fait par gravitation. De légers chocs favorisent le tassement du support.

Après remplissage, un tampon de laine de verre est placé sur l'extrémité libre de la colonne ce qui évite tout entrainement mécanique du support imprégné.

Ensuite, pour simplifier l'installation, la colonne est bobinée tout en laissant les extrémités libres pour faciliter leurs connexions à l'appareil de saturation.

Le conditionnement des colonnes se fait après installation dans le four. Un faible débit (2 mL.min$^{-1}$) de gaz de saturation est établi à une température moyenne de l'ordre de 150°C. Le but de cette opération est l'élimination des composés volatils et les traces de solvant contenues dans le support. Au cours de cette opération la sortie des colonnes de saturation est laissée à l'air libre. Le conditionnement dure environ 6 heures.

### 3. MESURE DE LA PRESSION DE VAPEUR

Les sorties des 2 colonnes de saturation sont connectées au tube capillaire de transfert (Figure II.2)

Un test d'étanchéité de l'ensemble du système de saturation est effectué sous pression. Pour ce faire, la sortie de la colonne semi-capillaire, normalement reliée au détecteur FID, est bouchée par une connexion spéciale. Un liquide de recherche de fuites est appliqué sur les différentes unions du dispositif de saturation. Normalement, en absence de toute fuite, les débitmètres massiques situés à l'entrée des saturateurs doivent affichés un débit nul.

Après confirmation de l'étanchéité du système, une vérification des débits doit être faite. Pour cela, un contrôleur numérique de débit étalonné est placé à la sortie de la colonne d'analyse et le débit de chaque colonne de saturation est vérifié. On vérifie enfin le débit total qui doit être exactement la somme des trois débits : deux issus des saturateurs auxquels s'ajoute le débit de gaz vecteur.

La mesure expérimentale représente, en termes d'acquisitions, trois commandes différentes qui se succèdent. L'ensemble de ces commandes représente une séquence :

1. Piégeage : le four contenant les saturateurs est placé à la température de mesure tandis que le compartiment d'analyse (CPG) est placé à faible température (entre 50°C et 70°C). Pendant le piégeage, les vannes $V_1$, $V_2$ et $V_3$ sont ouvertes. Le gaz saturé passe du four de saturation au CPG où les produits vaporisés sont piégés en tête de colonne d'analyse par adsorption sur la phase stationnaire.

2. Elution : après un temps de piégeage suffisant (quantité d'analyte piégée quantifiable), les vannes $V_1$ et $V_2$ se ferment et la vanne $V_3$ assure un débit de gaz inerte pour permettre l'analyse CPG. Un programme de température est lancé en même temps dans le CPG afin d'éluer les composés. La température finale du CPG dépend de la nature des composés étudiés ainsi que de la colonne d'analyse. Elle peut atteindre les 320°C.

3. Retour à l'état normal : le but de cette étape consiste à refroidir le CPG à la température initiale de piégeage afin de lancer une nouvelle mesure. Pendant ce refroidissement les vannes $V_1$ et $V_2$ sont fermées pour éviter le piégeage des composés dans la colonne d'analyse au cours de refroidissement.

Le logiciel de contrôle et d'acquisition permet de programmer un grand nombre de séquences. Il est ainsi possible d'étudier la répétabilité des mesures à une température donnée.

**4. CALCUL DE LA PRESSION DE VAPEUR**

Le calcul de la pression de vapeur du composé inconnu repose sur l'application de la loi des gaz parfaits (Equation II.1).

$$P_i^o = \frac{n_i \times R \times T}{V_i} \qquad (\text{II.1})$$

avec : $V_i = D_i \times t$

$P_i^o$ : pression de vapeur du composé i (Pa)

$V_i$ : volume de la phase vapeur contenant le composé i (m$^3$)

$n_i$ : nombre de moles du composé i

R : constante des gaz parfaits R=8,314 J.K$^{-1}$.mol$^{-1}$

T : température (K)

$D_i$ : débit du gaz entraîneur du composé i (m$^3$.s$^{-1}$)

t : temps de piégeage (s)

En appliquant la relation II.1 au composé 1 (inconnu) et au composé 2 (étalon) on en déduit la relation II.2 permettant le calcul de la pression de vapeur de l'inconnu.

$$\frac{P_1^0}{P_2^0} = k \times \frac{S_1 \times M_2 \times D_2}{S_2 \times M_1 \times D_1} \qquad (\text{II.2})$$

$S_i$ : aire du pic chromatographique correspondant au composé i en mesure

$M_i$ : masse molaire du composé (g.mol$^{-1}$)

k : facteur de réponse du composé à analyser déterminé par analyse CPG de solutions étalon des constituants 1 et 2.

avec : 
$$k = \frac{A_2 \times m_1}{A_1 \times m_2} \qquad (II.3)$$

$m_i$ : masse du composé (g)

$A_i$ : aire du pic chromatographique en étalonnage

La relation (II.2) ne prend pas en compte l'influence de trois paramètres :

- la non idéalité de la phase vapeur
- la solubilité du gaz de saturation dans les liquides
- l'influence de la pression totale sur les pressions partielles

L'influence des deux premiers paramètres est généralement difficile à estimer par suite de l'absence des données nécessaires (coefficients du viriel des deux constituants et constante de Henry). Cependant, compte tenu des faibles pressions du gaz de saturation les écarts à l'idéalité sont très faibles ainsi que la solubilité de ce dernier dans la phase liquide. Par contre l'influence de la pression totale sur la pression de vapeur est donnée par la relation dite de Poynting :

$$Ln\frac{P_i}{P_i^0} = \frac{V_i^L\left(P_{N_2} - P_i\right)}{RT} \qquad (II.4)$$

$V_i^L$ : volume molaire du composé i en phase liquide (m$^3$. mol$^{-1}$)

$P_{N_2}$ : pression du gaz entraîneur (Pa)

$P_i$ : pression partielle du constituant i (Pa).

En négligeant $P_i$ devant $P_{N2}$ et en prenant en compte la correction de Poynting la relation II.2 devient :

$$\frac{P_1}{P_2^o} = k \times \frac{S_1 \times M_2 \times D_2}{S_2 \times M_1 \times D_1} e^{\frac{\left(V_2^L - V_1^L\right)P_{N_2}}{RT}} \qquad (II.5)$$

$P_1$ ainsi calculé est assimilé à la pression de vapeur expérimentale du constituant 1. (Allemand et al., 1986) ont étudié l'influence de la pression totale sur la pression de vapeur de composés peu volatils (pression de l'ordre du Pascal). En considérant l'azote comme un gaz parfait, Allemand et al. ont montré que l'erreur qui en résulte sur la pression de vapeur est inférieure à 1% pour une pression de gaz entraineur de l'ordre du bar. Ces résultats nous ont amené à négliger la correction de Poynting puisque sa valeur est très proche de l'unité.

### 5. MISE AU POINT ET VALIDATION DU DISPOSITIF

En raison des modifications apportées à l'appareil de mesure, une validation est nécessaire afin de s'assurer de la fiabilité du nouveau dispositif. Un contrôle des différents débits entrant et sortant a été fait. Une étanchéité parfaite du système a été obtenue, même à forte pression en gaz vecteur (environ 5 bar). La mise au point puis la validation proprement dite a été faite grâce à l'étude de la pression de vapeur de l'octacosane ($C_{28}H_{58}$) en utilisant le tétracosane ($C_{24}H_{50}$) comme produit de référence.

Dans cette première partie de notre étude nous avons utilisé le mode opératoire utilisé dans les précédents travaux de (Razzouk, 2006) dont les points essentiels sont rappelés ci-dessus :

- Lors de l'étape de piégeage, les vannes $V_1$ et $V_2$ sont en position ouverte de manière à alimenter les deux saturateurs en gaz inerte, tandis que la vanne $V_3$ (arrivée du gaz vecteur) est fermée.

- A l'étape d'analyse, l'état de ces trois vannes est inversé.

Les mesures ont été faites à 100°C et 140°C avec un temps de piégeage de 60 et 30 minutes respectivement et un débit de 3 mL min$^{-1}$ pour le tétracosane et 6 mL min$^{-1}$ pour l'octacosane aux deux températures.

La figure II.5 représente l'évolution du rapport des aires $S_{C24}/S_{C28}$ en fonction du temps, pour une température d'équilibre liquide-vapeur de 100°C. Nous attribuons cette évolution du rapport des surfaces à la saturation progressive des surfaces internes du dispositif qui permet d'atteindre un équilibre d'adsorption des deux constituants.

L'évolution des rapports de surfaces à 100°C en fonction du temps est expliquée par le fait que l'octacosane, possédant la pression de vapeur la plus faible, nécessite un temps d'équilibre plus élevé que celui du tétracosane. L'allure de la courbe résultante est due à l'équilibre d'adsorption rapide du tétracosane d'une part (surface presque constante en fonction du temps) et à l'équilibre d'adsorption lent de l'octacosane d'autre part (surface qui augmente en fonction du temps).

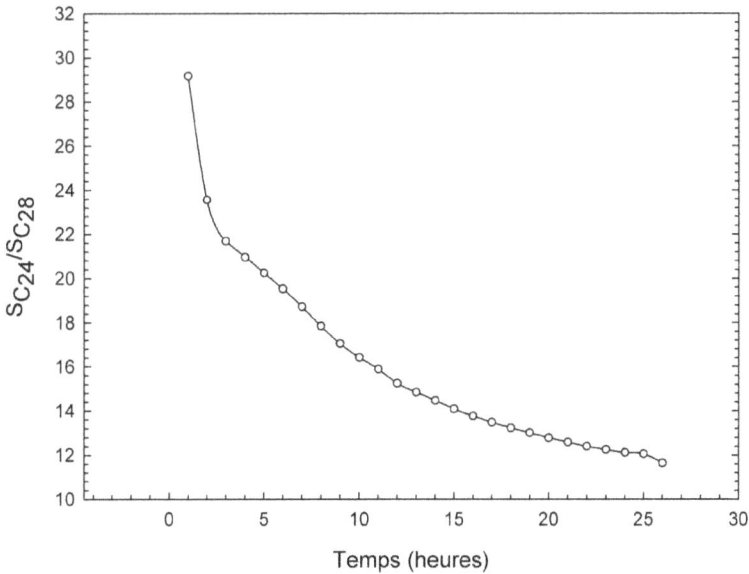

**Figure II. 5: Evolution du rapport des surfaces en fonction du temps à 100°C**

La figure II.6 représente l'évolution de ce même rapport $S_{C24}/S_{C28}$ à une température d'équilibre liquide-vapeur de 140°C. L'expérience montre alors que l'équilibre d'adsorption au niveau des canalisations est atteint, plus rapidement, au bout de 8 heures. Ainsi, pour les études ultérieures et afin d'accélérer l'équilibre du système, des mesures en températures décroissantes seront réalisées.

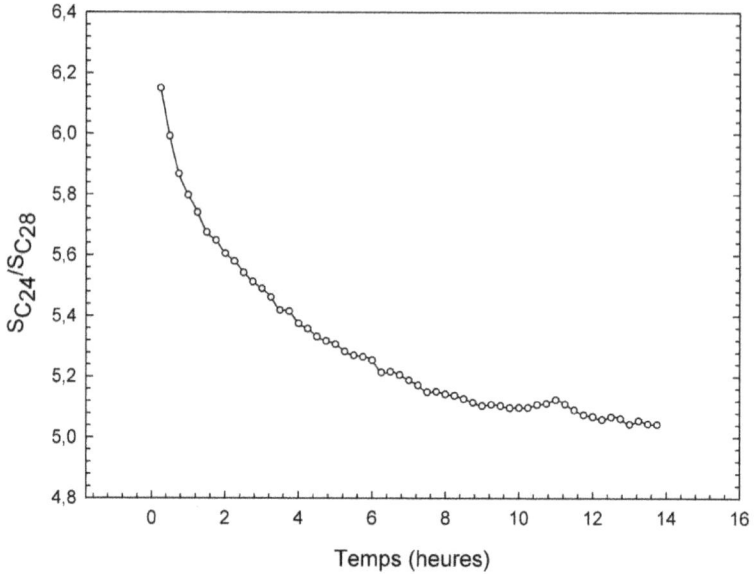

**Figure II. 6 : Evolution du rapport des surfaces en fonction du temps à 140°C**

Après obtention de l'équilibre d'adsorption, la pression de vapeur de l'octacosane avec le tétracosane comme produit de référence est déterminée. Le tableau II.1 résume les quatres premier essais réalisés.

**Tableau II- 1: Pression de vapeur de l'octacosane à 140°C.**

| T/°C | N° | $S_1$ | $S_2$ | $S_1/S_2$ | $D_1$ (mL.min⁻¹) | $D_2$ (mL.min⁻¹) | $P_1^0/P_2^0$ | $P_2^0$ |
|------|----|-------|-------|-----------|------------------|------------------|----------------|---------|
| | | $K$ | 1 | | T piégeage = 30 min | | | |
| *139,34* | 1 | 140271712 | 27812318 | 5,04 | 3 | 6 | 11,8 | 0,619 |
| | 2 | 140776976 | 27847684 | 5,06 | 3 | 6 | 11,8 | 0,617 |
| | 3 | 140520176 | 27856746 | 5,04 | 3 | 6 | 11,8 | 0,619 |
| | 4 | 140707200 | 27900870 | 5,04 | 3 | 6 | 11,9 | 0,619 |
| | | | | | | | Moyenne | 0,619 |
| | | | | | | | Ecart-type | 0,00125 |
| | | | | | | | CV % | 0,1 |

$S_i$ : surface des pics (1 : tétracosane ; 2 : Octacosane),

$D_i$ : Débit du gaz d'entrainement ($N_2$),

$P_i^0$ : Pression de vapeur saturante,

k : facteur de réponse relative du FID.

Un coefficient de variation de 0,16 % est obtenu, indiquant ainsi une bonne répétabilité des mesures. L'écart relatif obtenu entre les valeurs expérimentales et celles de la littérature est inférieur à 5% (Chickos et Hanshaw, 2004). La figure II.7 montre un exemple de chromatogramme obtenu avec cette procédure opératoire.

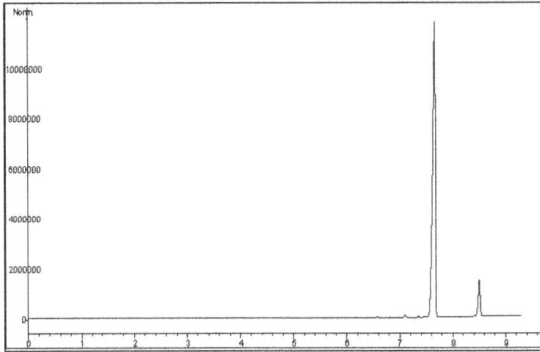

**Figure II. 7 : Chromatogramme du C24 et du C28 à 140°C**

### 6. OPTIMISATION DE LA DUREE DE MESURES

L'étude précédente a montrée que lorsque le dispositif fonctionne selon la technique mise au point dans la première version de l'appareil, la durée de stabilisation était particulièrement importante, surtout si la pression de vapeur d'un constituant était faible. Ce fait est dû au fonctionnement séquentiel du dispositif qui perturbe les équilibres d'adsorption des composés sur les parois des canalisations reliant les saturateurs à la colonne de piégeage :

- L'adsorption a lieu lors de l'étape de piégeage

- Une désorption au moins partielle se produit lors de l'étape d'analyse, le circuit étant alors parcouru par du gaz vecteur non saturé en composé

Afin de minimiser le temps de stabilisation, plusieurs variantes du mode opératoire ont été testées, le but étant de maintenir le mieux possible les équilibres d'adsorption dans les canalisations et d'éviter la contamination des colonnes de saturation. Il s'est avéré en effet que la procédure séquentielle conduisait à une contamination de la colonne de référence par le composé inconnu et vice-versa.

Cette contamination résultait du fait que l'arrêt de l'alimentation en gaz inerte des colonnes de saturation lors de l'étape d'analyse entrainait une diminution de la perte de charge dans    celles-ci donc un reflux « en amont » du gaz vecteur d'analyse entrainant avec lui une partie des produits adsorbés.

La variante opératoire qui a conduit aux meilleurs résultats est celle qui a simplement consisté à ne pas interrompre les deux débits de saturation lors de l'étape d'analyse en programmation de température du four du CPG.

Le gaz inerte de saturation joue ainsi le rôle de gaz vecteur. De cette manière :

- Les équilibres d'adsorption sont préservés

- Les pertes de charges dans les colonnes de saturation demeurent constantes, donc la pollution de celles-ci est supprimée.

Le problème prévisible de cette procédure est que l'alimentation du CPG en gaz vecteur « pollué » par les deux composés va conduire à une perturbation de la ligne de base. Il s'est avéré que cette perturbation était :

- Très faible dans le domaine des faibles pressions de vapeur

- Plus importante lorsque les pressions de vapeur étaient plus élevées

Cependant dans tous les cas cette perturbation étant constante elle se traduisait par un simple décalage de la ligne de base. Il en a résulté une intégration valable des pics quelle que soit la pression de vapeur.

Le seul problème de cette procédure est l'apparition de « pics parasites » lors des analyses que nous avons identifié comme résultant d'un piégeage des deux composés dans la colonne d'analyse lors de l'étape de refroidissement de cette dernière, une fois l'analyse terminée. Pour supprimer ces pics parasites il a suffit d'arrêter les deux débits de saturation (sans ajouter de gaz vecteur) lors de l'étape très brève (environ 1 minute) de refroidissement de la colonne.

Grâce à cette nouvelle procédure opératoire, la diminution de la durée de stabilisation du système est considérable.

La figure II.8 représente l'étude faite à 140°C de la pression de vapeur de l'octacosane en utilisant le tétracosane comme produit de référence.

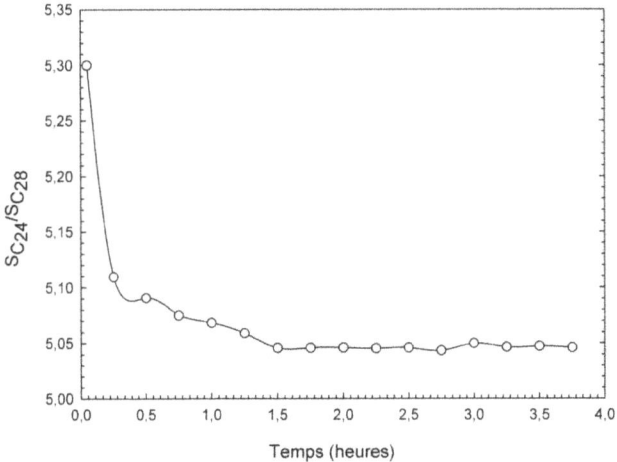

**Figure II. 8 : Rapport de surface en fonction du temps à 140°C lors de la nouvelle procédure opératoire**

Une valeur constante du rapport des surfaces chromatographiques est atteinte au bout de 30 minutes soit l'équivalent de deux mesures successives. Ainsi un facteur de gain de 10 en terme de temps d'équilibre est obtenu, ce qui nous permettra par la suite de faire des séries de mesures dans un intervalle de temps relativement court.

### 6.1. Procédure complète de mesure de la pression de vapeur

La mise en pratique de la nouvelle procédure précédemment exposée nous a amené à apporter une légère modification : plutôt que d'interrompre le gaz vecteur, il est intéressant de maintenir un léger débit de ce dernier via la vanne $V_3$, lors de toutes les étapes d'un cycle de mesure.

Cette « dilution » des gaz saturés présente les avantages suivants :

- Diminution du signal de ligne de base lors de l'étape d'analyse, ce qui est avantageux dans le domaine des pressions de saturation « élevées »

- Protection de la colonne d'analyse lors de l'étape de refroidissement : étant balayée par un débit de gaz vecteur suffisant, l'oxydation de la phase stationnaire est évitée.

- Pas d'incidence lors de l'étape de piégeage

En conséquence la procédure opératoire finalement retenue est la suivante :

- Etape de piégeage : $V_1$, $V_2$ et $V_3$ ouvertes. Le four chromatographique est maintenu à la température la plus faible possible (entre 30°C et 50°C). La durée de cette étape est comprise entre 2 minutes et 3 jours selon la pression de vapeur à mesurer.

- Etape d'analyse : $V_1$, $V_2$, $V_3$ ouvertes, la programmation de la température du four du CPG est « lancée » (vitesse : 30°C/min jusqu'à 320°C). Durée de cette étape : environ 20 min

- Etape de refroidissement du four du CPG : $V_1$, $V_2$ fermées, $V_3$ ouverte. Durée de cette étape : environ 1 minute.

La figure II.9 donne un exemple de chromatogramme ainsi obtenu lors de l'étude de l'octacosane en utilisant le tétracosane comme étalon.

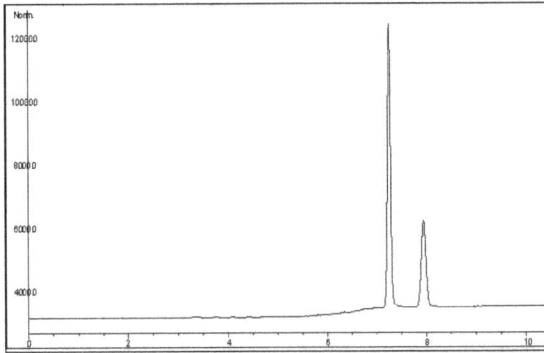

**Figure II. 9 : Chromatogramme lors de l'étude de la pression de vapeur du n-C$_{28}$ (avec le n-C$_{24}$ comme référence) à 140°C avec gaz de saturateur comme gaz vecteur**

Après avoir amélioré les performances de l'appareil, nous avons contrôlé son bon fonctionnement en étudiant le phénanthrène (C$_{14}$H$_{10}$), hydrocarbure polyaromatique de référence dont les valeurs sont répertoriées dans la littérature. Par la suite nous avons déterminé les pressions de vapeur d'alcanes lourds et de polyaromatiques.

# Chapitre III

Mesure des pressions de vapeur et de sublimation de n-alcanes et de polyaromatiques.

1. CONTROLE DE L'APPAREIL PAR L'ETUDE DU PHENANTHRENE

Le phénanthrène est un composé de référence recommandé par l'IUPAC (International Union of Pure & Applied Chemistry). Il permet de vérifier la performance des calorimètres et des appareils de mesure des pressions de sublimation, dans une gamme de pression comprise entre 0,1 et 1,0 Pa et de températures entre de 315 à 335 K (Sabbah et al., 1999).

Nous avons étudié le phénanthrène dans un large domaine de températures : entre 100 et 240 °C pour la phase liquide et entre 30 et 99°C pour la phase solide (tableau III.11). Un exemple de mesure est indiqué dans le tableau III.1. Le n-hexadécane (n-$C_{16}H_{34}$) a été utilisé comme étalon. Les paramètres de la relation d'Antoine du n-hexadecane sont également indiqués dans le tableau III.1. A chaque température d'équilibre, la mesure est répétée plusieurs fois grâce aux séquences automatiques d'acquisition. Le coefficient de variation obtenu est inférieur à 1 % avec une valeur moyenne de 0,63 %.

**Tableau III. 1 : Exemple de mesure de pressions de vapeur du Phénanthrène à environ 100°C**

| T °C | N° de l'essai | $S_1$ | $S_2$ | $S_1/S_2$ | $P_1/P_2$ | $P_1$ |
|---|---|---|---|---|---|---|
| | 1 | 104709136 | 437115808 | 0,23 | 0,276 | 26,3 |
| | 2 | 105204744 | 438520896 | 0,23 | 0,276 | 26,3 |
| 99,36 | 3 | 106502848 | 442603904 | 0,24 | 0,277 | 26,4 |
| | 4 | 107521216 | 446143616 | 0,24 | 0,278 | 26,4 |
| | 5 | 107922640 | 446952864 | 0,24 | 0,278 | 26,5 |
| | 6 | 106406384 | 439330528 | 0,24 | 0,279 | 26,6 |
| | | | | | Moyenne | 26,4 |
| | | | | | Ecart type | 0,108 |
| | | | | | CV % | 0,4 |

$S_i$ : surface des pics (1 : Phénanthrène ; 2 : héxadecane)
$D_i$ : débit du gaz d'entrainement ($N_2$) égal à 3 mL min$^{-1}$
$P_i$ : pression de vapeur saturante
$k$ : facteur de réponse relative du FID égal à 0,907
$t$ : temps de piégeage égal à 6 minutes
$M_i$ : masse molaire des composés (1 : 178 g mol$^{-1}$ ; 2 : 226,44 g mol$^{-1}$)

Les résultats expérimentaux du phénanthrène ont été lissés par l'équation de Clapeyron afin de vérifier leur cohérence (Tableau III.2) :

$$LnP = A - \frac{B}{T} \qquad \text{(III.1)}$$

Avec $A = \dfrac{\Delta_{sub/vap}S}{R}$ et $B = \dfrac{\Delta_{sub/vap}H}{RT}$

Les paramètres de lissage, les enthalpies de sublimation et de vaporisation à $T_m$ (température expérimentale moyenne) déduites de l'équation de Clapeyron ainsi que les écarts moyens de lissage sont indiqués dans le tableau III.2.

**Tableau III. 2: Paramètres de lissage par l'équation de Clapeyron du Phénanthrène.**

| A (σ) | B (σ) | 100*d | $\Delta_{vap}H(T_m)$ | $\Delta_{sub}H(T_m)$ |
|---|---|---|---|---|
| 25,9 (0,19) | 8426 (80,4) | 3,7 % | 68 (±0,7) kJ.mol$^{-1}$ | --- |
| 32,0 (0,21) | 10689 (73,0) | 2,9 % | --- | 88 (±0.6) kJ.mol$^{-1}$ |

$\sigma_i$ : Ecart-type

[1]d : écart moyen de lissage $d = \dfrac{1}{n}\sum \dfrac{\left|P_{exp} - P_{cal}\right|}{P_{exp}}$ ; n = le nombre de points expérimentaux

## 1.1. Comparaison avec la littérature

### 1.1.1. Les pressions expérimentales

La comparaison des pressions expérimentales avec celles de la littérature est représentée sur la figure III.1. Dans le domaine des basses pressions nous sommes en accord avec Bradley et Cleasby, 1953 effectuées par effusion (2 %), et avec les mesures Sawaya et al., 2006 (4 %) réalisées par la méthode statique. En revanche nos valeurs présentent un écart de 10 % à 20 % avec celles de Macknick et Prausnitz, 1979 obtenues par une méthode chromatographique.

Dans le domaine de pression et de température plus élevées (entre 380 et 480 K), nos valeurs sont en bon accord avec celle de Mokbel, 1993, Osborn et Doulsin, 1975 et Sawaya et al., 2006. L'écart relatif est compris entre environ 3 et 5 %. Ces trois auteurs ont utilisé la méthode statique.

De plus, l'écart de la pression de vapeur à 298,15 K pour la phase liquide ($P_{exp}$=0,0942 Pa) montre un écart de l'ordre de 3% avec la valeur recommandée par Ma et al., 2009 ($P_{litt}$=0,0912 Pa).

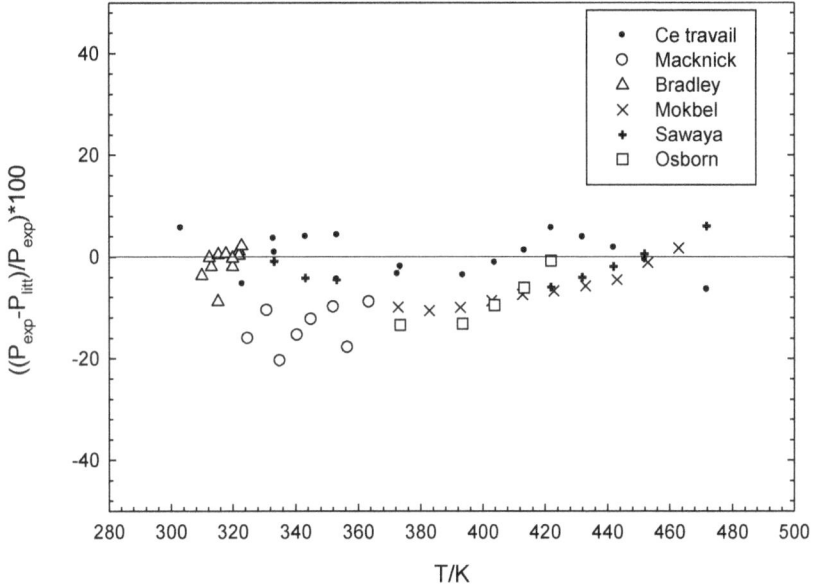

**Figure III. 1 : Comparaison des pressions de vapeur du phénanthrène avec celles de la littérature**

## 1.1.2. Détermination de l'enthalpie de sublimation et de vaporisation à 298,15 K. Comparaison avec la littérature

Nos mesures expérimentales nous permettent d'accéder à l'enthalpie de vaporisation $\Delta_{vap}H(T_m)$ (ou sublimation $\Delta_{sub}H(T_m)$) à une température moyenne $T_m$. Or dans la littérature ces deux enthalpies sont souvent disponibles à 298,15 K. Il est donc nécessaire d'ajuster les enthalpies de vaporisation et de sublimation dérivées de nos mesures de pression à la température de 298,15 K afin de pouvoir les comparer avec la littérature. Dans ce but nous avons utilisé le cycle thermodynamique présenté dans la figure III.2 :

les enthalpies sont en effet des fonctions d'état extensives qui dépendent de la température.

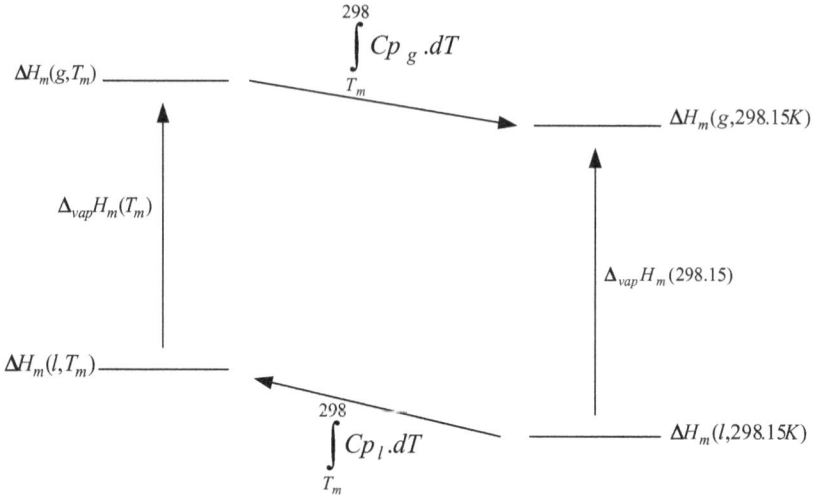

**Figure III. 2 : Cycle thermodynamique pour le calcul des enthalpies de vaporisation ou de sublimation à 298,15 K**

Grâce à l'équation de Kirschoff (équation III.2) et en supposant que la capacité calorifique relative à chaque phase est constante dans le domaine de température exploré (équation III.3) on peut calculer $\Delta_{vap}H(298,15)$ et $\Delta_{sub}H(298,15)$.

$$\Delta_{vap}(298,15) = \Delta_{vap}H_m(T_m) + \int_{298,15}^{T_m}\left(C_{p_l} - C_{p_g}\right)dT \tag{III.2}$$

$$\Delta_{vap}(298,15) = \Delta_{vap}H_m(T_m) + \left(C_{p_l} - C_{p_g}\right)[T_m - 298,15] \tag{III.3}$$

Alors que les capacités calorifiques des liquides Cp$_l$ et des solides Cp$_s$ sont souvent disponibles dans la littérature à 298,15 K, il n'en est pas de même pour la capacité calorifique de la phase gazeuse de ces composés. Il est donc nécessaire de les estimer :

$$\Delta_l^g C_{p,m} = \left( C_{p_l} - C_{p_g} \right)$$

Pour estimer $\Delta_l^g C_{p,m} = \left( C_{p_l} - C_{p_g} \right)$, nous avons utilisé l'équation développée par Chickos et al., 2002 ; Chickos et Acree, 2003 (équations III.4) :

$$\left( C_{p_l} - C_{p_g} \right)[T_m - 298,15] = [10,58 + 0,26.C_{p_l}(298,15)][T_m - 298,15]$$

(III.4)

Et pour la phase solide (équation III.5)

$$\left( C_{p_s} - C_{p_g} \right)[T_m - 298,15] = [0,75 + 0,15.C_{p_s}(298,15)][T_m - 298,15]$$

(III.5)

La détermination de Cp$_l$ est obtenue par une méthode de contribution de groupes. La molécule de phénanthrène possède 4 carbones quaternaire sp2 de contribution $\mu_{l,q}$ (ou $\mu_{s,q}$) et 10 carbones aromatiques tertiaires de contribution $\mu_{l,t}$ (ou $\mu_{s,t}$).

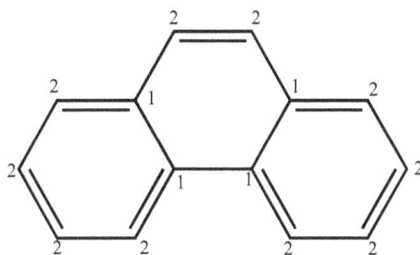

avec     1 : Carbone aromatique quaternaire (sp$^2$)
         2 : carbone aromatique tertiaire (sp$^2$)

Les valeurs de ces paramètres de contribution sont données dans l'article de Chickos et al., 2003.

| $\mu_{l,q}$ (J.K$^{-1}$.mol$^{-1}$) | $\mu_{s,q}$ (J.K$^{-1}$.mol$^{-1}$) | $\mu_{l,t}$ (J.K$^{-1}$.mol$^{-1}$) | $\mu_{s,t}$ (J.K$^{-1}$.mol$^{-1}$) |
|:---:|:---:|:---:|:---:|
| 15,3 | 8,5 | 21,8 | 17,5 |

Nous pouvons ainsi calculer les capacités calorifiques de vaporisation et de sublimation :

$$C_{p_l} = (4 \times 15,3) + (10 \times 21,8) = 279,2 \, J.K^{-1}.mol^{-1}$$

$$C_{p_s} = (4 \times 8,5) + (10 \times 17,5) = 209 \, J.K^{-1}.mol^{-1}$$

et en déduire

$$\Delta_{vap}H(298,15) = 68083 + (10,58 + 0,26 \times 279,2)(396 - 298,15)$$

$$\Delta_{vap}H(298,15) = 76,23 \, kJ.mol^{-1}$$

de même :

$$\Delta_{sub}H(298,15) = 88863 + (0,75 + 0,15 \times 209)(332 - 298,15)$$

$$\Delta_{sub}H(298,15) = 89,95 \, kJ.mol^{-1}$$

Sachant que les données de la littérature sont $\Delta_{vap}H(298,15) = 78,3$ kJ.mol$^{-1}$ et $\Delta_{sub}H(298,15) = 92,1$ kJ.mol$^{-1}$ (Roux et al., 2008), l'écart relatif par rapport aux valeurs obtenues est de l'ordre de 2%.

### 1.1.3. Point triple du phénanthrène

Pour déterminer le point triple du phénanthrène nous avons effectué une représentation des pressions expérimentales par la relation de Clapeyron. Le point d'intersection des deux droites d'équilibre liquide-vapeur et solide-vapeur constitue le point triple dont la température est de 97,8 °C (Figure III.3). Cette valeur est en très bon accord avec la littérature (Lide, 2003) avec un écart absolu de -1,3 °C.

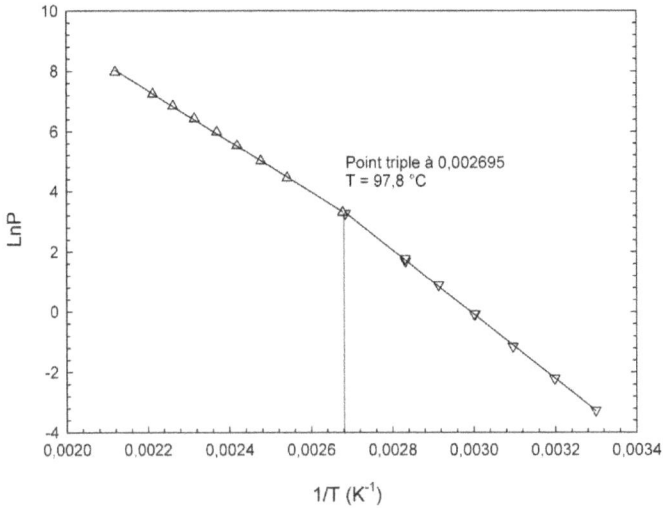

Figure III. 3 : Détermination du point triple du phénanthrène

## 2. PRESSION DE VAPEUR DES ALCANES LINEAIRES

Les n-alcanes sont des composés de référence pour les méthodes de prédiction des grandeurs thermodynamiques. La connaissance de leur pression de vapeur est donc importante d'un point de vue fondamental.

Les alcanes étudiés sont les suivants : triacontane $C_{30}H_{62}$, octatriacontane $C_{38}H_{78}$, hexatétracontane $C_{46}H_{94}$ et hexacontane $C_{60}H_{122}$. Leurs caractéristiques physico-chimiques sont données dans l'annexe 1. Ces différents alcanes ont été étudiés dans un large domaine de température (de 50 à 270 °C). Ils nous serviront comme base de données de composés étalons nécessaire à la méthode de saturation. Ils seront utilisés pour l'étude des polyaromatiques qui fait l'objet de ce travail.

### 2.1. Résultats expérimentaux et lissage par l'équation d'Antoine et de Clapeyron

Les pressions de vapeurs expérimentales des alcanes sont indiquées dans les tableaux III.12 à III.15. Dans le cas du n-C30 la phase solide a été également étudiée.

Les valeurs expérimentales ont été lissées par la relation d'Antoine :

$$Log_{10}P / Pa = A - \frac{B}{t°C + C}$$

De même la relation de Clapeyron a été appliquée dans le cas où le nombre de points expérimentaux est réduit. Les paramètres de lissage affinés par moindre carrés et l'écart moyen de lissage sont indiqués dans le tableau III.3. On constate que l'écart moyen de lissage est en général inférieur à 3%.

**Tableau III. 3: Paramètres de lissages des n-alcanes**

| Composé | Relation d'Antoine | | | | Relation de Clausius-Clapeyron | | |
|---|---|---|---|---|---|---|---|
| | $A$ ($\sigma_A$) | $B$ ($\sigma_B$) | $C$ ($\sigma_c$) | $100*d^1$ | $A$ ($\sigma_A$) | $B$ ($\sigma_B$) | $100*d$ |
| $n$-$C_{30}$ (solide) | - | - | - | | 65,7 (1,13) | 25513 (372) | 2,75 |
| $n$-$C_{30}$ (liquide) | 14,2 (0,38) | 5993 (267) | 262 (8,8) | 2,01 | - | - | - |
| $n$-$C_{38}$ (liquide) | 13,9 (0,63) | 5944 (402) | 218 (12,3) | 2,96 | - | - | - |
| $n$-$C_{46}$ (liquide) | 11,42 (0,99) | 4312 (528) | 131 (19,1) | 2,17 | - | - | - |
| $n$-$C_{60}$ (liquide) | - | - | - | - | 34,9 (0,94) | 2309 (483) | 3,18 |

$\sigma_i$ : Ecart-type ; d= écart moyen de lissage : $d = \frac{1}{n}\sum \frac{|P_{exp} - P_{cal}|}{P_{exp}}$ ; n = le nombre de points expérimentaux

La représentation graphique de ces lissages par la relation de Clapeyron est illustrée sur la figure III.4.

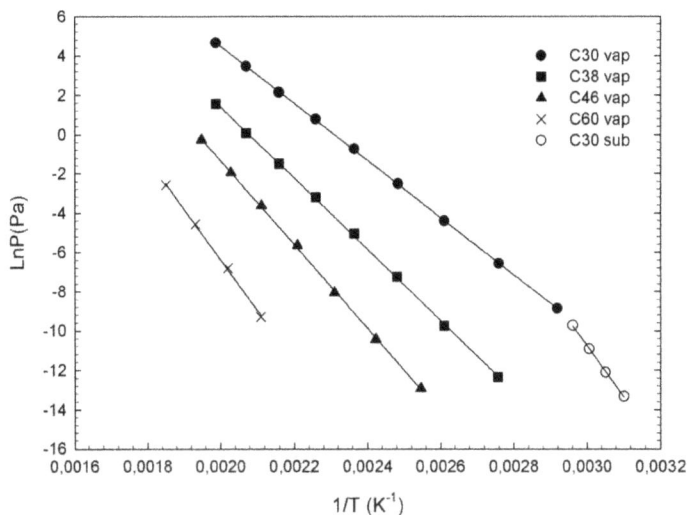

**Figure III. 4 : Lissage des données expérimentales des alcanes linéaires**

De ces paramètres de lissage, nous avons déduit l'enthalpie moyenne de vaporisation $\Delta_{vap}H_m$ pour tous les alcanes ainsi que l'enthalpie de sublimation $\Delta_{sub}H_m$ pour le n-C30 (Tableaux III.4).

**Tableau III. 4 : Enthalpie de vaporisation et de sublimation des n-alcanes**

| Composé | $T$/K | $T_m$/K | $\Delta_{vap}H\ (T_m)\ (\sigma)$ | $\Delta_{sub}H\ (T_m)$ $(\sigma)$ |
|---|---|---|---|---|
| | | | kJ•mol$^{-1}$ | kJ•mol$^{-1}$ |
| $n$-C$_{30}$ (solid) | 322,42 à 337,79 | 330 | ------ | 212(3,1) |
| $n$-C$_{30}$ (liquid) | 342,64 à 503,05 | 423 | 121 (0,4) | ----- |
| $n$-C$_{38}$ (liquid) | 362,71 à 503,05 | 433 | 150 (1,1) | ----- |
| $n$-C$_{46}$ (liquid) | 392,70 à 513,28 | 453 | 177 (1,6) | ----- |
| $n$-C$_{60}$ (liquid) | 473,76 à 540,36 | 507 | 214 (4,4) | ----- |

**2.2. Comparaison des résultats expérimentaux avec les données bibliographiques**

Pour chaque composé, l'écart entre nos valeurs et celles de la littérature est représenté sur les figures III.5 à III.8 :

$$100\,\frac{\Delta P}{P} = 100\,\frac{P_{\exp} - P_{biblio}}{P_{\exp}}$$

Dans le cas du n-C30, nos valeurs ont été comparées avec des données expérimentales de la littérature : (Chickos et Wilson, 1997) qui utilisent une méthode chromatographique, et (Piacente et al., 1994) qui mettent en œuvre une méthode par effusion (Figure III.5). L'écart entre nos mesures et celles de la littérature est très variable : il est de l'ordre de 0,5 % à 50% dans le cas des basses pressions ($10^{-5}$ Pa à $10^{-6}$ Pa). De même, nous avons comparé nos données avec des valeurs calculées par les équations de (Kudchadker et Zwolinski, 1966 ; Lemmon et Goodwin, 2000 ; Mazee, 1948 ; Tu, 1994). Ce dernier a utilisé une méthode de contribution de groupes pour calculer la pression de vapeur. Nos mesures sont en très bon accord avec les valeurs compilées de Kudchadker et pour certains points avec Lemmon. En revanche nos mesures sont en total désaccord avec les valeurs calculées de Tu.

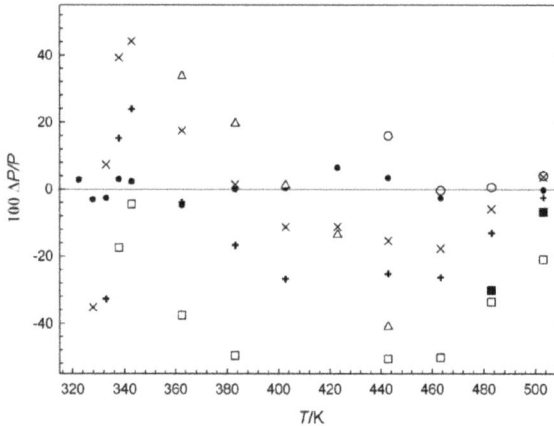

**Figure III. 5: Comparaison des pressions de vapeur du C$_{30}$H$_{62}$ avec celles de la littérature**
•, nos valeurs; ×, Chickos △, Piacente; ■, Mazee; ○ Kudchadker, +, Lemmon , ▢, Tu

Dans le cas du n-C36, nos valeurs sont en bon accord avec celles de (Chickos et Hanshaw, 2004 ; Piacente et al., 1994) obtenues à 380, 400, 420 et 500 K où l'écart ne dépasse pas les       4 %. L'écart augmente de 20 à 28 % pour les autres points. Dans le cas des valeurs estimées par (Lemmon et al., 2000) et par (Tu, 1994), nos valeurs sont systématiquement plus fortes que celles calculées par ces deux auteurs (Figure III.6).

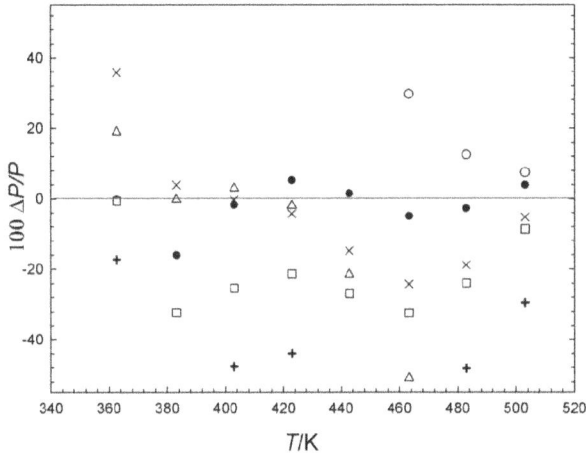

**Figure III. 6 : Comparaison des pressions de vapeur du C$_{38}$H$_{78}$ avec celles de la littérature**
●, nos valeurs; ×, Chickos ; Δ, Piacente ; ○ Kudchadker ; +, Lemmon and Goodwin, □, Tu

Dans le cas du n-C46, les valeurs de (Chickos et al., 2008) sont en bon accord avec nos mesures expérimentales avec un écart en moyen de 8 % sauf à T = 452 K où l'écart atteint 22 %. En revanche nos valeurs sont systématiquement plus fortes que celles de (Lemmon et al., 2000) et plus faibles que celles calculées par (Tu, 1994) (Figure III.7).

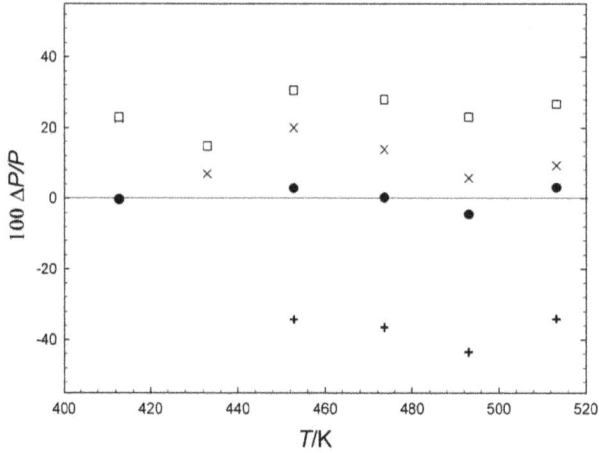

**Figure III. 7 : Comparaison des pressions de vapeur du C₄₆H₉₄ avec celles de la littérature**
●,nos valeurs; ×, Chickos; +, Lemmon, □, Tu.

La pression de vapeur de l'hexacontane a été déterminée entre 200 et 270°C avec l'hexatétracontane comme référence. Pour T= 495 K la pression expérimentale est en bon accord avec (Chickos et al., 2008) (1,6 %). Cet écart augmente avec la température. Il passe de 1,6 % pour T= 495 K à 30 % pour T=540 K. Les écarts avec les valeurs calculées de (Kudchadker et al., 1966 ; Tu, 1994) dépassent les 30 % (Figure III.8)

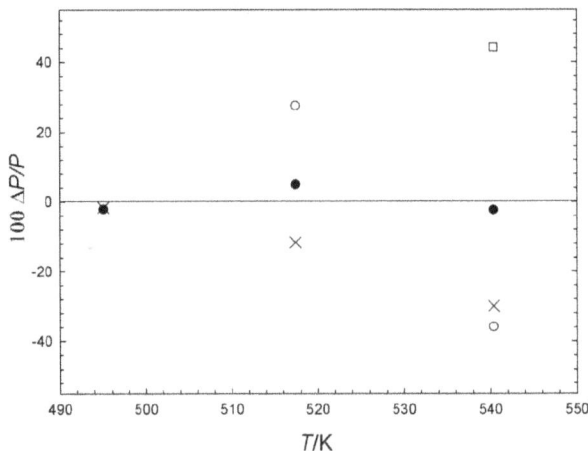

**Figure III. 8 : Comparaison des pressions de vapeur du $C_{60}H_{122}$ avec celles de la littérature**
●, nos valeurs; ×, Chickos ; ○ Kudchadker, ⬜, Tu.

## 2.3. Enthalpie de vaporisation à 298 K

L'enthalpie de vaporisation à 298 K a été calculée pour la série d'alcanes étudiés en appliquant la méthode de contribution de groupes proposée par Chickos et exposée au paragraphe 1.1.2 du chapitre 3.

**Tableau III. 5 : Ecart relatif de l'enthalpie à 298,15 K par rapport à la littérature**

| $\Delta H(298)$ | $\Delta_{vap}H$ kJ.mol$^{-1}$ | $\Delta_{sub}H$ kJ.mol$^{-1}$ | Chickos et Hanshaw | Chickos et Wilson | Piacente | Chickos et al |
|---|---|---|---|---|---|---|
| $n$-C$_{30}$ (solide) | ------ | 216 | | | 2 % | 20 % |
| $n$-C$_{30}$ (liquide) | 154 | ----- | 0,65 % | 1,75 % | 16 % | |
| $n$-C$_{38}$ (liquide) | 195 | ----- | 1 % | | 13 % | |
| $n$-C$_{46}$ (liquide) | 238 | ----- | | | | 2 % |
| $n$-C$_{60}$ (liquide) | 321 | ----- | | | | 7 % |

Pour le n-C30, l'enthalpie de vaporisation à 298 K est en accord avec (Chickos et Hanshaw, 2004), (Chickos et Wilson, 1997). Par contre un écart de 16 % est obtenu avec

(Piacente et al., 1994). Cependant l'enthalpie de sublimation à 298 K du n-C30 présente un écart de 2% par rapport à celle de Piacente et 20 % avec la donnée de Chickos et al.

Pour le n-C38, l'enthalpie de vaporisation à 298 K présente un écart de 1% par rapport à (Chickos et Hanshaw, 2004) mais un désaccord avec (Piacente,1994) avec un écart de 13 %.

De même, pour le n-C46 et n-C60, la comparaison avec (Chickos et Wang, 2008) montre une déviation respective de 2 % et 7%.

De façon générale, nos valeurs sont en bon accord avec celles de (Chickos et al, 2008) sauf dans le cas du n-C30 où $\Delta_{sub}H$ présente un écart de 20%.

La variation de l'enthalpie de vaporisation, $\Delta_{vap}H$, en fonction du nombre d'atomes de carbone ($N$) est représentée sur la figure III.9 La droite obtenue montre la bonne cohérence des mesures expérimentales car il est bien connu que pour des composés homologues, la variation de l'enthalpie de vaporisation en fonction du nombre d'atomes de carbone est une loi linéaire. La droite obtenue permet également d'estimer l'enthalpie de vaporisation d'un alcane donné grâce à l'équation de la droite :

$$\Delta_{vap}H \ (298{,}15 \ K)/kJ.mol^{-1} = 5{,}62 \ N - 16{,}9$$

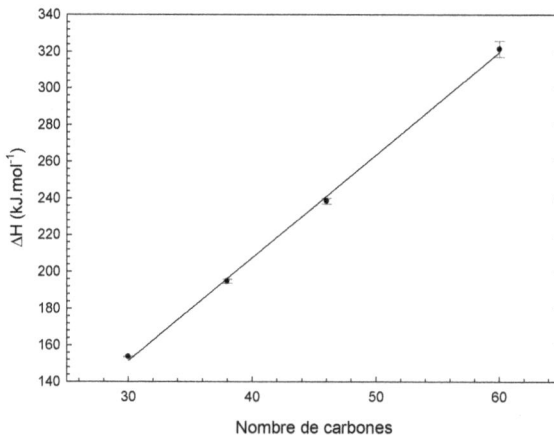

**Figure III. 9 : Variation de l'enthalpie de vaporisation à 298 K en fonction du nombre d'atomes de carbone**

**3.** E**TUDE DES PRESSIONS DE VAPEUR DES HYDROCARBURES AROMATIQUES POLYCYCLIQUES**

Au vu des bons résultats obtenus avec les n-alcanes nous avons poursuivi nos mesures par l'étude de composés de nature chimique différente : les polyaromatiques. Huit hydrocarbures polyaromatiques à noyaux condensés ont été étudiés : naphtacène, 1,2-benzanthracène, Chrysène, fluoranthène, benzo(k)fluoranthène, dibenz(a,c)anthracène, dibenz(a,h)anthracène et le coronène.

Les formules chimiques de ces composés sont présentées dans l'annexe 1, accompagnées du numéro CAS, masse moléculaire, pureté, températures de fusion et d'ébullition normale. Parmi ces hydrocarbures aromatiques polycondensés, HAPs, certains sont des isomères de position du cycle.

L'étude de ces HAPs présente plusieurs intérêts :

⇒ Un intérêt environnemental : en effet leur caractérisation par la mesure de la pression de vapeur est nécessaire pour connaître leur évolution dans les différents compartiments de l'environnement. La connaissance de la pression de vapeur fait partie des 12 grandeurs physicochimiques exigées par la législation européenne REACH.

⇒ Un intérêt industriel : la connaissance de la pression de vapeur d'hydrocarbures lourds tels que les composés polyaromatiques, constituants du pétrole, est une donnée clé pour la valorisation des bruts lourds tel que les bitumes ou les goudrons qui, de nos jours, prennent de plus en plus d'importance avec l'épuisement des gisements de pétrole facile à exploiter

⇒ Un intérêt fondamental : les mesures effectuées nous permettent de mettre au point un modèle thermodynamique basé sur une équation d'état cubique et dont les paramètres sont déterminés par une méthode de contribution de groupes (chapitre IV).

**4.** P**RESSION DE VAPEUR DES HYDROCARBURES POLYAROMATIQUES**

La détermination des pressions de vapeur nécessite plusieurs étapes :

a) **La préparation des colonnes de saturation** pour l'étalon et pour l'hydrocarbure polyaromatique. De façon générale, les saturateurs sont constitués par un tube en acier inoxydable de 2m enroulé en spirale rempli par un support chromatographique (silice Chromosorb P Naw 100/120 mesh) imprégné du composé à étudier. Le taux d'imprégnation est compris entre 8 % et 10 %.

b) **L'optimisation des débits de saturation** : les débits du gaz entraineur ont été optimisés afin d'avoir un rapport de surface raisonnable entre l'inconnu et la référence, tout en gardant un débit total adéquat pour l'élution. En général, un débit d'azote de 2 mL min$^{-1}$ est introduit dans le saturateur du HAP et un débit de 3 mL min$^{-1}$ est introduit dans celui de la référence (ou étalon). Une fois le piégeage terminé, un programme de température allant de 50 à 300 °C avec une rampe de 30°C mn$^{-1}$ permet souvent la bonne résolution des deux pics.

c) **La détermination du facteur de réponse relatif du FID :** Le facteur de réponse k est déterminé par injection on-column dans une colonne macro bore de plusieurs solutions étalons. Les caractéristiques de la colonne et les conditions opératoires de séparation sont résumées dans le tableau III.6.

**Tableau III. 6: Conditions chromatographiques de séparation**

| | |
|---|---|
| Colonne BPX1 | L = 10 m ; diamètre interne = 0,53mm ; épaisseur de film = 2,65µm |
| Température initiale | 50°C |
| Température finale | 300 °C |
| Rampe | 30 °C/min |
| Injecteur | On-column / track oven |
| Détecteur | 320°C |

Les facteurs de réponse relative *k* sont obtenus grâce à la droite d'étalonnage interne. Ils sont indiqués dans le tableau III.7.

**Tableau III. 7: Facteurs de réponses relatifs HAP/étalons**

| HAP/Etalon | Facteur de réponse relatif (k) |
|---|---|
| Naphtacène/C30 | 0,903 |
| 1,2-benzanthracène/C28 | 0,905 |
| 1,2-benzanthracène/C20 | 0,902 |
| Chrysène/C28 | 0,990 |
| Fluoranthène/C16 | 0,937 |
| Benzo(k)fluoranthène/C24 | 0,896 |

| Dibenz(a,c)anthracène/C28 | 0,926 |
|---|---|
| Dibenz(a,h)anthracène/C28 | 0,920 |
| Coronène/C38 | 0,921 |

d) Une fois les étapes a, b et c terminées et connaissant les aires chromatographiques des deux composés piégés (HAP et étalon) à la température d'équilibre, le calcul de la pression de saturation est déduite de la loi des gaz parfaits :

$$\frac{P_1^0}{P_2^0} = k \times \frac{A_1 \times M_2 \times D_2}{A_2 \times M_1 \times D_1}$$

### 4.1. Pression de vapeur naphtacène

Le naphtacène connu sous le nom de 2,3-benzanthracène ou tétracène, suite à l'alignement de quatre cycles benzéniques, a été étudié dans une gamme de température allant de 100 à 220 °C. La température supérieure étant limitée par la dégradation du composé. Les pressions de vapeur du naphtacène varient entre $10^{-3}$ et 100 Pa.

L'étude a été faite en utilisant le triacontane ($C_{30}H_{62}$) comme composé de référence. Un temps de piégeage entre 10 et 260 minutes est appliqué en allant des hautes aux basses températures afin d'atteindre plus rapidement l'équilibre de désorption.

Les pressions de vapeur du naphtacène sont résumées dans le tableau III.16. Chaque mesure est effectuée une dizaine de fois avec un coefficient de variation moyen de 1,5 %. Les valeurs du tableau III.16 représentent la moyenne de six essais pris aléatoirement dans la série de mesures. Le lissage des données expérimentales par la relation de Clapeyron (figure III.10), montre la bonne cohérence de nos mesures avec un coefficient de corrélation $R^2=0,9985$.

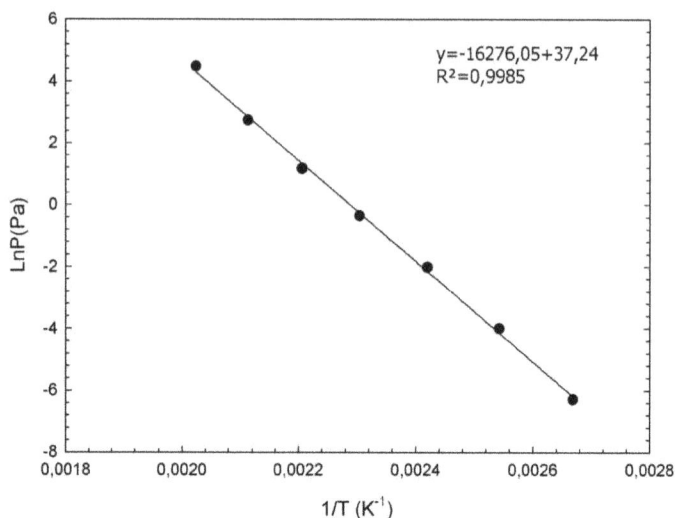

**Figure III. 10: Lissage par la relation de Clausius-Clapeyron de la pression de vapeur du naphtacène**

Grâce à la relation de Clapeyron l'enthalpie de vaporisation du naphtacène à température moyenne a été calculée. Elle est de $\Delta_{vap}H(T_m)= 135,31$ kJ.mol$^{-1}$. De même, l'enthalpie de vaporisation à 298,15 a été déterminée en utilisant l'équation de Chickos (paragraphe 1.1.2 du chapitre 3). Nous obtenons ainsi une valeur $\Delta_{vap}H(298,15)= 149,20$ kJ.mol$^{-1}$.

La pression de vapeur du naphtacène a été mesurée par DeKruif, 1980 ; Oja et Suuberg, 1998. Nos mesures présentent un écart systématique de 50 % par rapport à ces deux auteurs dans le domaine de température expérimental. Cet écart est probablement dû à la technique expérimentale utilisée par ces deux auteurs. En effet la méthode d'effusion est connue pour être peu précise.

### 4.2. Pression de vapeur du 1,2-benzanthracène

Le 1,2-benzanthracène connu sous le nom de benz(a)anthracene (BzA), est un polluant classé primaire par l'agence de protection de l'environnement puisqu'il est émis directement par une source naturelle et/ou anthropique.

Les pressions de vapeur et de sublimation sont répertoriées dans le tableau III.17 et représentées graphiquement sur la figure III.11.

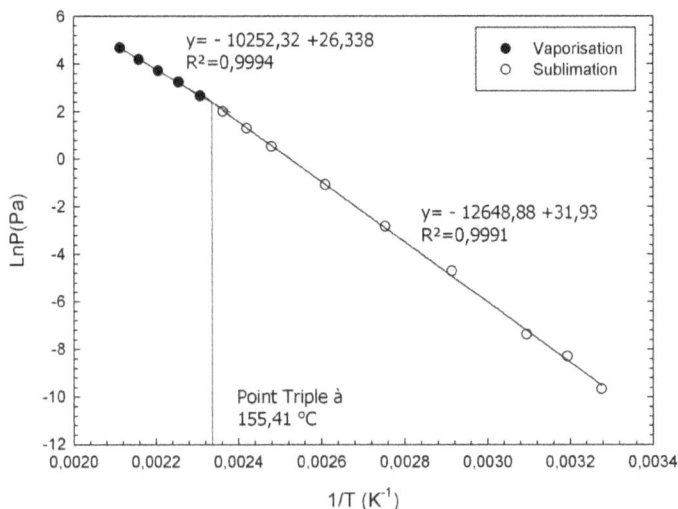

**Figure III. 11: Lissage par la relation de Clausius-Clapeyron de la pression de vapeur et de sublimation du 1,2-benzanthracène.**

La droite de Clapeyron restitue bien nos mesures expérimentales pour les deux phases. De même, de l'intersection des deux droites (figure III.11) est déduite la température du point triple qui est de 155,4°C. Cette valeur est en très bon accord avec celle obtenue par (Murray et al., 1974) avec un écart de 0,5°C. Cet écart est de 3,8 °C par rapport à (Lide, 2003).

La comparaison avec la littérature est illustrée sur la figure III.12. Les écarts sont très variables. Ils restent raisonnables, inférieurs à 10 %, en particulier avec (Paasivirta et al., 1999 ; Sonnefeld et al., 1983), dans le domaine de température compris entre 280 et 400 K mais atteignent 20% à 50 % au-dessus de 400 K.

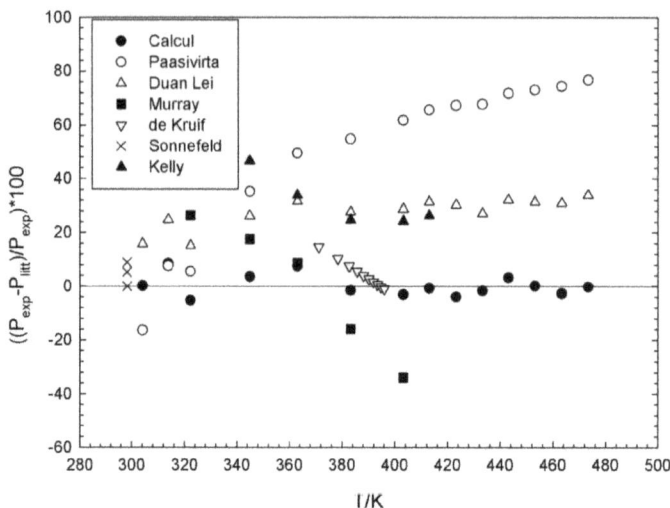

**Figure III. 12 : Ecart Relatif par rapport à la littérature de la pression de vapeur du 1,2-benzanthracène**

Quant à l'enthalpie de sublimation moyenne déduite de nos pressions expérimentales, elle est de $\Delta_{sub}H_m(T_m) = 105,2$ kJ.mol[-1]. Cette valeur est en bon accord avec celle déduite des mesures de (Kelley et Rice, 1964) où l'écart relatif est de 0,5% (tableau III.8).

**Tableau III. 8: Ecart Relatif de l'enthalpie de sublimation**

| Littérature | Kelley et Rice | de Kruif | Murray *et al.* |
|---|---|---|---|
| ΔH sublimation (kJ.mol[-1]) | *104,6* | *113,0* | *113,5* |
| Ecart Relatif (%) | 0,5 | -7,4 | -7,9 |

Comme déjà expliqué précédemment, nous avons calculé à 298,15 K l'enthalpie de vaporisation et de sublimation en utilisant l'équation de (Chickos et Acree, 2002 ; 2003). Les valeurs obtenus sont $\Delta_{vap}H_m(298,15) = 93,6$ kJ.mol[-1] et $\Delta_{sub}H_m(298,15) = 107,8$ kJ.mol[-1].

### 4.3. Pression de sublimation du Chrysène

Le Chrysène, connu sous le nom de benz(a)phénanthrène, est présent à des concentrations plus élevées que la plupart des autres hydrocarbures aromatiques polycycliques (HAPs)

65

dans les combustibles fossiles tels que les bruts pétroliers ou la lignite. Il fait partie des HAPs prédominants dans les émissions particulaires provenant des incinérateurs d'ordures ménagères, des appareils ménagers à gaz naturel et des dispositifs de chauffage domestique au bois.

Les pressions de sublimation du Chrysène ont été étudiées dans une gamme de température comprise entre 60 et 220 °C (Tableau III.18). L'octacosane a été utilisé comme produit de référence car ses pressions de vapeur sont proches de celles du chrysène.

Le lissage des donnés expérimentales par la fonction de Clausius-Clapeyron donne un coefficient de corrélation $R^2=0,997$ avec une enthalpie de sublimation $\Delta_{sub}H(T_m) = 105,08$ kJ.mol$^{-1}$ et celle à 298,15 obtenue à l'aide de l'équation de Chickos $\Delta_{sub}H(298,15) = 109,7$ kJ.mol$^{-1}$ (Figure III.13).

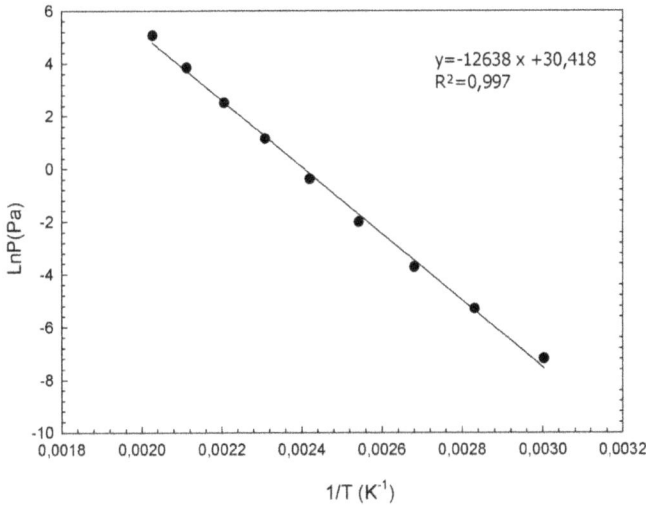

**Figure III. 13: Lissage par la relation de Clausius-Clapeyron des pressions de sublimation du Chrysène.**

Deux auteurs, (DeKruif, 1980 ; Goldfarb et Suuberg, 2008), ont étudié le Chrysène dans un domaine de températures restreint (entre 370 et 410 K). Vers 400 K, nos valeurs sont en bon accord avec celles de De Kruif, 1980. Les écarts sont compris entre 0,5 % et -20 %. En revanche nous obtenons un écart de 7 à 25 % avec les données de Goldfarb, 2008 (Figure III.14).

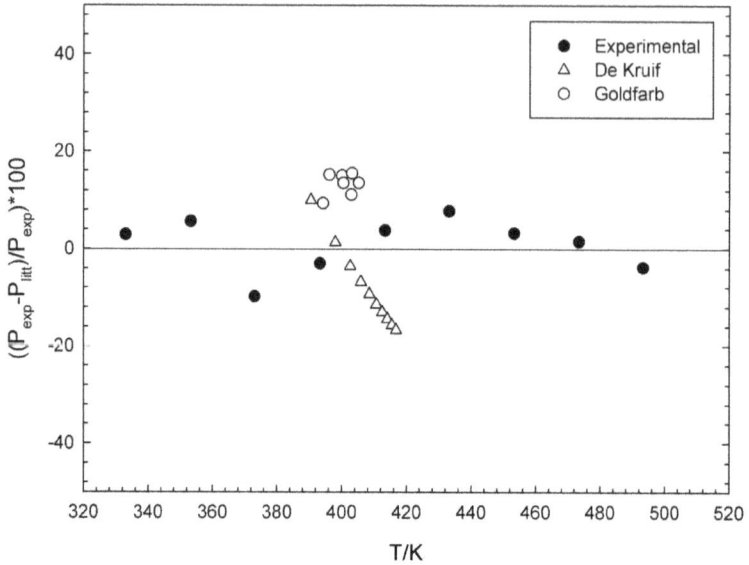

**Figure III. 14 : Ecart relatif par rapport à la littérature des pressions de sublimation du Chrysène.**

### 4.4. Pression de vapeur et de sublimation du Fluoranthène

Le fluoranthène est très persistant dans l'environnement, sa détection sert d'indicateur de présence de HAPs dangereux pour l'environnement.

La pression de vapeur de fluoranthène est étudiée dans une gamme de températures qui couvre à la fois le domaine environnemental et industriel, entre 297 et 433 K. Le produit de référence utilisé pour la détermination des pressions de vapeur est l'hexadécane.

Les valeurs expérimentales, pression de vapeur et de sublimation sont présentées dans le tableau III.19. Le lissage des données expérimentales montre la cohérence des mesures obtenues avec des coefficients de corrélation de 0,9994 pour la courbe liquide/vapeur et de 0,9991 pour la courbe solide/vapeur (Figure III.15). La température du point triple correspondant à l'intersection des deux droites est $T_{triple}$ =357,7 K.

L'enthalpie de vaporisation et de sublimation à température moyenne et à 298,15 K sont $\Delta_{vap}H(T_m)$ = 75,8 kJ.mol$^{-1}$ et $\Delta_{vap}H$(298,15) = 81,0 kJ.mol$^{-1}$ et $\Delta_{sub}H(T_m)$ = 105,7 kJ.mol$^{-1}$ et $\Delta_{sub}H$(298,15) = 107,0 kJ.mol$^{-1}$.

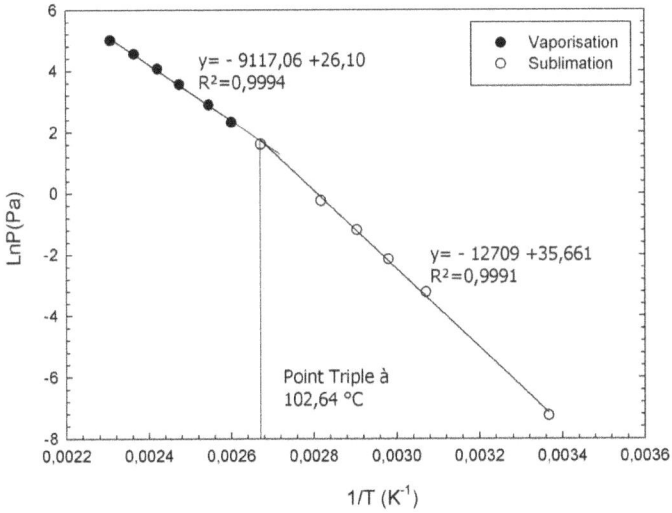

**Figure III. 15 : Lissage par la relation de Clausius-Clapeyron des pressions de vapeur et de sublimation du Fluoranthène.**

La comparaison de nos mesures avec celles de (Goldfarb et al., 2008), étudiées dans un domaine de températures très restreint de 320 à 360 K, montre un écart compris entre 5% et 30 % (Figure III.16).

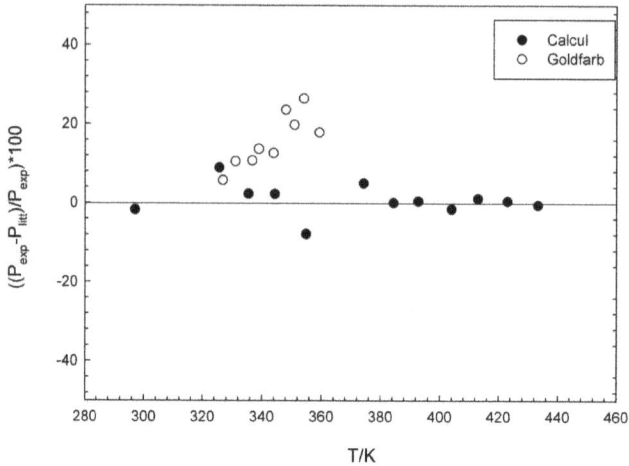

**Figure III. 16: comparaison avec la littérature de nos valeurs expérimentales pour le Fluoranthène.**

### 4.5. Pressions de sublimation du benzo(k)fluoranthène

Le benzo(k)fluoranthène (B[$k$]F) est présent dans les combustibles fossiles. En effet, lors d'une combustion incomplète, il est rejeté dans l'atmosphère où il est essentiellement présent sous forme particulaire du fait de sa pression de vapeur extrêmement faible. On le trouve également dans la fumée de cigarette, dans les gaz d'échappement d'automobiles, dans les émissions provenant de la combustion de charbon ou de fuel, dans les huiles moteur et le goudron de charbon.

La pression de sublimation de ce composé a été déterminée entre 325 et 474 K, sa température de fusion étant de l'ordre de 493 K. Les pressions de sublimation mesurées sont faibles, elles varient entre $10^{-5}$ et 10 Pa. Le tétracosane a servi de produit de référence.

Les valeurs expérimentales sont résumées dans le tableau III.20, avec un coefficient de variation moyen de 2,7 % malgré les faibles pressions du composé.

A partir du lissage des données expérimentales par l'équation de Clapeyron (figue III.17), nous avons déduit l'enthalpie de sublimation à température moyenne du composé $\Delta_{sub}H(T_m)$ = 124,1 kJ.mol$^{-1}$.

L'enthalpie de sublimation à 298,15 K obtenue à partir de nos mesures et de l'équation de (Chickos et al., 2002) est $\Delta_{sub}H$(298,15K) = 128,2 kJ.mol$^{-1}$. $\Delta_{sub}H$(298,15K) présente un écart de 4,3 % par rapport à la valeur recommandée par (Roux et al., 2008).

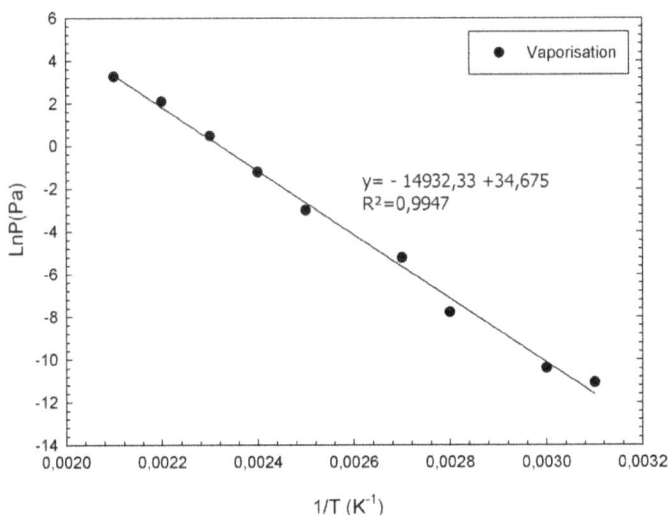

Figure III. 17: Lissage par la relation de Clausius-Clapeyron des pressions de sublimation du benzo(k)fluoranthène

### 4.6. Pression de vapeur et de sublimation du Dibenz(a,c)anthracène

La famille dibenzanthracène comporte plusieurs isomères bien connus pour leurs effets mutagène et cancérogène. Le dibenz(a,c)anthracène (DBA(a,c)), connu sous le nom de 1,2,3,4-dibenzanthracène, suite à la position des noyaux benzéniques, appartient à la famille des pentacycliques qui lui confèrent un caractère cancérigène probable. L'exposition humaine au dibenz(a,c)anthracène se produit principalement à travers la

70

fumée du tabac, l'inhalation de l'air pollué suite à une combustion incomplète des effluents.

La pression de vapeur du DBA(a,c) a été étudiée entre 360 et 523 K, correspondant à un domaine de pression compris entre $10^{-4}$ et 70 Pa. L'octacosane a été utilisé comme composé de référence pour toute la gamme de pression.

Les valeurs expérimentales sont résumées dans le tableau III.21 ainsi que le coefficient de variation moyen obtenu avec une série de dix mesures.

La régression des données expérimentales par le biais de la relation de Clausius-Clapeyron (figure III.18) nous permet de déterminer le point triple qui se trouve à 483,21 K.

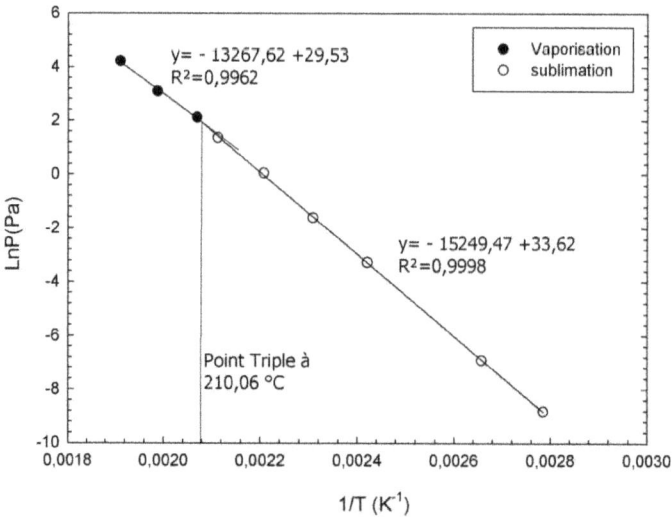

Figure III. 18: Lissage par la relation de Clausius-Clapeyron de la pression de vaporisation et de sublimation du dibenz(a,c)anthracène

Les enthalpies de sublimation et de vaporisation à température moyenne sont respectivement $\Delta_{sub}H(T_m) = 128,8$ kJ.mol$^{-1}$ et $\Delta_{vap}H(T_m) = 110,3$ kJ.mol$^{-1}$. A 298,15 K, les enthalpies correspondantes sont $\Delta_{sub}H(298.15) = 139,2$ kJ.mol$^{-1}$ et $\Delta_{vap}H(298.15) = 135,3$ kJ.mol$^{-1}$. Elles ont été calculées à l'aide de nos mesures et de l'équation de (Chickos

71

et al., 2002 ; 2003) et présentent un écart de 3,4 et 2 % respectivement par rapport aux valeurs recommandées par (Roux et al., 2008).

La comparaison de nos données avec les valeurs de (De Kruif, 1980) montre un écart allant de 0,2 à 20 % dans un domaine de température limité à la phase solide entre 423 et 451 K.

### 4.7. Pressions de sublimation du Dibenz(a,h)anthracene

Le dibenzo(a,h)anthracène, est un isomère du DBA(a,c) avec des cycles benzéniques en position un et cinq. Sa structure à cinq cycles benzéniques le place parmi les hydrocarbures aromatiques les plus toxiques. Il est présent dans les combustibles fossiles et est libéré suite à la combustion incomplète. Ses principales sources anthropiques dans l'environnement sont les fumées d'échappement des moteurs diesel et à essence, la fumée de cigarette, la fumée des chaudières au charbon et des fours à coke, les huiles usagées ainsi que les goudrons.

Avec une température de fusion de 543 K, notre étude s'est limitée à l'équilibre de sublimation, entre 343 et 523 K et qui correspond à des pressions comprises entre $2.10^{-5}$ et 75 Pa.

Les valeurs expérimentales sont résumées dans le tableau III.22, avec un coefficient de variation moyen de 0,9 %. La comparaison de nos données avec celles de (DeKruif, 1980) montre un écart relatif entre 4 et 17 % dans la gamme de température comprise entre 433 et 463 K.

L'enthalpie de sublimation à température moyenne, obtenue après lissage des résultats expérimentaux par l'équation de Clapeyron est de $\Delta_{sub}H(T_m) = 127,7$ kJ.mol$^{-1}$ (figure III.19). L'enthalpie de sublimation $\Delta_{sub}H(298,15)$ calculée à partir de l'équation de Chickos, est égale à 140,2 kJ.mol$^{-1}$ avec un écart de 4,6 % par rapport à la valeur recommandée par (Roux et al., 2008).

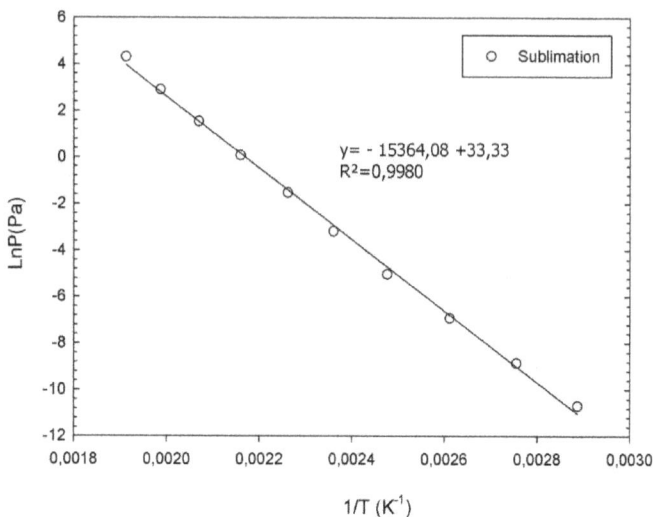

**Figure III. 19: Lissage par la relation de Clausius-Clapeyron des pressions de sublimation du dibenz(a,h)anthracène**

## 4.8. Pression de vapeur du Coronène

Le coronène, également appelé superbenzène, est constitué de sept noyaux benzéniques fusionnés. Il se présente comme un solide jaune soluble dans le benzène, le toluène et le dichlorométhane. Les solutions de coronène présentent une fluorescence bleue induite par les ultraviolets. Le coronène est naturellement présent sous forme d'inclusions organiques dans une roche sédimentaire formant la carpathite. C'est un produit de vapocraquage lors du raffinage du pétrole. Il peut également se dimériser en un HAP constitué de quinze noyaux benzéniques appelé familièrement dicoronylène.

L'équilibre solide/vapeur du coronène a été étudié dans une gamme de températures comprise entre 383 et 513 K correspondant à des pressions de sublimation de $2.10^{-5}$ Pa à 2 Pa. L'octatricontane a été utilisé comme composé de référence.

Les valeurs expérimentales sont résumées dans le tableau III.23 et présentent un coefficient de variation moyen de 1,2 %.

Du lissage des valeurs expérimentales par la relation de Clausius-Clapeyron (figure III.20), nous avons déduit l'enthalpie de sublimation à température moyenne $\Delta_{sub}H(T_m) = 140,6$ kJ.mol$^{-1}$. L'enthalpie de sublimation à 298,15 K est de $\Delta_{sub}H(298,15) = 154$ kJ.mol$^{-1}$ avec un écart de 3,8 % par rapport à la littérature (Chickos et al., 2002).

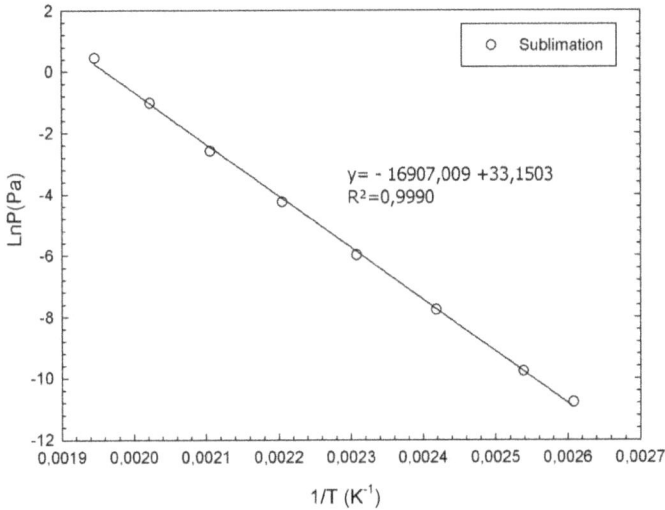

**Figure III. 20 : Lissage par la relation de Clausius-Clapeyron des pressions de sublimation du coronène**

## 5. CONCLUSION

Nous avons mesuré des pressions de vapeur et de sublimation de 4 alcanes et de 8 composés polyaromatiques particulièrement peu volatils. Nous résumons les résultats obtenus dans les tableaux III.9 et III.10.

**Tableau III. 9 : Paramètres de la relation de Clausius-Clapeyron des HAPs**

| Composé | Paramètres de la relation de Clausius-Clapeyron | | ΔP/P (%) | Domaine de température (K) | Domaine de pression (Pa) |
|---|---|---|---|---|---|
| | $A (\sigma_A)$ | $B (\sigma_B)$ | | | |
| Phénanthrène | 25,9 (0,19) | 8426 (80) | 0,6 | 303,15 – 473,15 | 0,0401 – 3098 |
| | 32,0 (0,21) | 10689 (73) | | | |
| Naphtacène | 37,2 (0,65) | 16276 (280) | 1,1 | 374,15 – 493,15 | 0,00187 – 87 |
| 1,2-benzanthracène | 26,3 (0,32) | 10252 (147) | 0,5 | 305,15 – 473,15 | 0,0000632 – 107 |
| | 31,9 (0,39) | 12648 (139) | | | |
| Chrysène | 30,4 (0,64) | 12638 (260) | 0,3 | 333,15 – 493,15 | 0,000755 – 158 |
| Fluoranthène | 26,1 (0,48) | 9117 (198) | 0,8 | 296,15 – 433,15 | 0,000709 – 148 |
| | 35,6 (0,67) | 12709 (228) | | | |
| Benzo(k)fluoranthène | 34,6 (1,06) | 14932 (412) | 1,2 | 324,15 – 474,15 | 0,0000155 – 26 |
| Dibenz(a,c)anthracène | 29,5 (1,6) | 13267 (424) | 0,6 | 358,15 – 523,15 | 0,000146 – 67 |
| | 33,6 (0,21) | 15249 (90) | | | |
| Dibenz(a,h)anthracène | 33,3 (0,58) | 15364 (245) | 0,9 | 346,15 – 523,15 | 0,0000236 – 74 |
| Coronène | 33,1 (0,48) | 16907 (90) | 1,1 | 383,15 – 523,15 | 0,0000208 – 1,5 |

**Tableau III. 10 : Paramètres de la relation d'Antoine et de Clapeyron des alcanes.**

| Composé | Equation d'Antoine | | | | Equation de Clausius-Clapeyron | | |
|---|---|---|---|---|---|---|---|
| | $A(\sigma_A)$ | $B(\sigma_B)$ | $C(\sigma_c)$ | $\Delta P/P$ (%) | $A(\sigma_A)$ | $B(\sigma_B)$ | $\Delta P/P$ (%) |
| $n$-C$_{30}$ (solide) | - | - | - | | 65,77 (1,13) | 25513(372) | 2,7 |
| $n$-C$_{30}$ (liquide) | 14,2 (0,38) | 5993 (267) | 262 (8,8) | 2,0 | - | - | - |
| $n$-C$_{38}$ (liquide) | 13,9 (0,63) | 5944 (402) | 219 (12,3) | 2,9 | - | - | - |
| $n$-C$_{46}$ (liquide) | 11,4 (0,99) | 4312 (528) | 132 (19,1) | 2,1 | - | - | - |
| $n$-C$_{60}$ (liquide) | - | - | - | - | 34,9 (0,94) | 2309 (483) | 3,1 |

Nous estimons que l'incertitude des mesures est de ± 5% pour les n-alcanes C30 et C38. Le    n-C46 par contre a dû être étudié en utilisant les résultats du n-C38. De même le n-C60 a été étudié en utilisant les résultats du n-C46. On peut donc craindre une accumulation ou propagation des erreurs expérimentales. En conséquence nous estimons une incertitude de l'ordre de 7% pour ces deux derniers composés.

## 6. TABLEAUX DES RESULTATS EXPERIMENTAUX

### 6.1. Phénanthrène

Tableau III. 11 : Pressions de Vapeur et pressions de sublimation du Phénanthrène

| T/°C | T/K | P/Pa | $P_{calculée}$/Pa | Ecart Relatif * |
|------|-----|------|-------------------|-----------------|
| *Vaporisation* | | | | |
| 100,29 | 373,44 | 27,6 | 28,1 | -1,9 |
| 120,31 | 393,46 | 85,5 | 88,6 | -3,6 |
| 130,62 | 403,77 | 151 | 153 | -1,1 |
| 140,19 | 413,34 | 251 | 248 | 1,3 |
| 148,77 | 421,92 | 398 | 375 | 5,7 |
| 158,76 | 431,91 | 620 | 596 | 3,9 |
| 168,76 | 441,91 | 940 | 926 | 1,9 |
| 178,73 | 451,88 | 1400 | 1411 | -0,6 |
| 198,62 | 471,77 | 2900 | 3098 | -6,4 |
| *Sublimation* | | | | |
| 29,85 | 303,00 | 0,0400 | 0,038 | 5,7 |
| 39,53 | 312,68 | 0,110 | 0,112 | -2,2 |
| 49,81 | 322,96 | 0,317 | 0,334 | -5,3 |
| 59,82 | 332,97 | 0,937 | 0,903 | 3,6 |
| 60,07 | 333,22 | 0,933 | 0,925 | 0,9 |
| 70,01 | 343,16 | 2,44 | 2,34 | 4,0 |
| 79,92 | 353,07 | 5,38 | 5,62 | -4,4 |
| 79,99 | 353,14 | 5,91 | 5,65 | 4,3 |
| 99,36 | 372,51 | 26,4 | 27,2 | -3,3 |

* Ecart Relatif $= \dfrac{P_{exp} - P_{cal}}{P_{exp}} \times 100$

### 6.2. Triacontane

Tableau III. 12: Pressions de vapeur et pressions de sublimation du $C_{30}H_{62}$

| T/°C | T/K | P/Pa | |
|------|-----|------|--|
| | Vaporisation | | Composé de Référence $C_{28}H_{58}$ |
| 229,9 | 503,05 | 104 | Débits |
| 209,8 | 482,95 | 31,7 | $C_{30}H_{60}$ $C_{28}H_{58}$ |
| 190,1 | 463,25 | 8,60 | 3 mL/min 2mL/min |
| 169,6 | 442,75 | 2,13 | |
| 149,79 | 422,94 | 0,472 | Temps de Piégeage |
| 129,46 | 402,61 | 0,0776 | 3 mn → 180 mn |
| 109,94 | 383,09 | 0,0121 | |
| 89,31 | 362,46 | $1,30.10^{-3}$ | |
| 69,49 | 342,64 | $1,32.10^{-4}$ | |
| | Sublimation | | |
| 64,64 | 337,79 | $5,96.10^{-5}$ | |
| 59,66 | 332,81 | $1,82.10^{-5}$ | |
| 54,62 | 327,77 | $5,58.10^{-6}$ | |
| 49,27 | 322,42 | $1,63.10^{-6}$ | |

### 6.3. Octatriacontane

Tableau III. 13: Pressions de vapeur du $C_{38}H_{78}$

| T/°C | T/K | P/Pa | |
|------|-----|------|--|
| | Vaporisation | | Composé de Référence $C_{28}H_{58}$ |
| 229,9 | 503,05 | 4,81 | Débits |
| 209,8 | 482,95 | 1,07 | $C_{38}H_{78}$ $C_{28}H_{58}$ |
| 190,1 | 463,25 | 0,226 | 4 mL/min 1,5 mL/min |
| 169,6 | 442,75 | 0,0412 | |
| 149,78 | 422,93 | $6,44.10^{-3}$ | Temps de Piégeage |
| 129,89 | 403,04 | $7,21.10^{-4}$ | 3 mn → 200 mn |
| 109,96 | 383,11 | $5,85.10^{-5}$ | |
| 89,56 | 362,71 | $4,32.10^{-6}$ | |

### 6.4. Hexatetracontane

**Tableau III. 14: Pressions de vapeur du $C_{46}H_{94}$**

| T/°C | T/K | P/Pa | Composé de Référence $C_{38}H_{78}$ | |
|------|------|------|------|------|
| | Vaporisation | | | |
| 240,13 | 513,28 | 0,669 | Débits | |
| 219,86 | 493,01 | 0,133 | $C_{46}H_{94}$ | $C_{38}H_{78}$ |
| 200,42 | 473,57 | 0,0265 | 4 mL/min | 4 mL/min |
| 179,65 | 452,8 | $3,70.10^{-3}$ | | |
| 159,82 | 432,97 | $3,48.10^{-4}$ | Temps de Piégeage | |
| 139,65 | 412,8 | $3,25.10^{-5}$ | 20 mn → 250 mn | |

### 6.5. Hexacontane

**Tableau III. 15 : Pressions de vapeur du $C_{60}H_{122}$**

| T/°C | T/K | P/Pa | Composé de Référence $C_{46}H_{94}$ | |
|------|------|------|------|------|
| | Vaporisation | | | |
| 267,20 | 540,35 | 0,0530 | | |
| 244,26 | 517,41 | $8,60.10^{-3}$ | 10 mL/min | 2,5 mL/min |
| 221,89 | 495,04 | $1,06.10^{-3}$ | $C_{60}H_{122}$ | $C_{46}H_{94}$ |
| 200,60 | 473,75 | $9,39.10^{-5}$ | Débits | |
| | | | Temps de Piégeage | |
| | | | 20 mn → 250 mn | |

### 6.6. Naphtacène

**Tableau III. 16: Pressions de vapeur du Naphtacène**

| T/°C | T/K | P/Pa | Temps de piégeage (mn) | CV % |
|------|------|------|------|------|
| 220,85 | 494,00 | 87,7 | 15 | 1,6 |
| 200,08 | 473,23 | 15,5 | 15 | 0,8 |
| 180,12 | 453,27 | 3,23 | 20 | 1,1 |
| 160,86 | 434,01 | 0,701 | 35 | 0,6 |
| 140,13 | 413,28 | 0,133 | 45 | 0,6 |
| 120,15 | 393,30 | 0,0184 | 50 | 0,5 |
| 101,65 | 374,80 | $1,87.10^{-3}$ | 50 | 2,9 |

### 6.7. 1,2-benzanthracene

Tableau III. 17: Pressions de vapeur et pressions de sublimation du 1,2-benzanthracène

| T/°C | T/K | P/Pa | Temps de piégeage (mn) | CV % |
|---|---|---|---|---|
| Vaporisation | | | | |
| 200,21 | 473,36 | 107 | 3 | 0,4 |
| 190,18 | 463,33 | 65,6 | 5 | 0,2 |
| 179,96 | 453,11 | 40,9 | 10 | 0,3 |
| 169,95 | 443,1 | 25,3 | 10 | 0,1 |
| 160,02 | 433,17 | 14,1 | 12 | 0,1 |
| Sublimation | | | | |
| 150,06 | 423,21 | 7,41 | 15 | 0,1 |
| 139,88 | 413,03 | 3,66 | 15 | 0,06 |
| 130,11 | 403,26 | 1,70 | 25 | 0,08 |
| 110,08 | 383,23 | 0,342 | 25 | 0,2 |
| 89,94 | 363,09 | 0,0591 | 25 | 0,6 |
| 70,21 | 343,36 | $8,97.10^{-3}$ | 45 | 0,8 |
| 51,06 | 324,21 | $6,24.10^{-4}$ | 60 | 1,6 |
| 40,61 | 313,76 | $2,50.10^{-4}$ | 75 | 1,2 |
| 32,21 | 305,36 | $6,30.10^{-5}$ | 120 | 1 |

### 6.8. Chrysène

Tableau III. 18 : Pressions de sublimation du Chrysène

| T/°C | T/K | P/Pa | Temps de piégeage (mn) | CV % |
|---|---|---|---|---|
| 220,07 | 493,22 | 158 | 3 | 0,3 |
| 200,12 | 473,27 | 46,5 | 10 | 0,2 |
| 180,1 | 453,25 | 12,3 | 10 | 0,3 |
| 159,92 | 433,07 | 3,12 | 20 | 0,3 |
| 140,06 | 413,21 | 0,686 | 30 | 0,9 |
| 120,1 | 393,25 | 0,135 | 30 | 0,08 |
| 99,89 | 373,04 | 0,0242 | 30 | 0,4 |
| 80,02 | 353,17 | $4,97.10^{-3}$ | 40 | 0,08 |
| 59,78 | 332,93 | $7,52.10^{-4}$ | 100 | 0,3 |

### 6.9. Fluoranthène

Tableau III. 19: Pressions de vapeur et pressions de sublimation du Fluoranthène

| T/°C | T/K | P/Pa | Temps de piégeage (mn) | CV % |
|------|------|------|------------------------|------|
| **Vaporisation** | | | | |
| 160,10 | 433,25 | 148 | 15 | 0,4 |
| 149,76 | 422,91 | 94,9 | 15 | 1,2 |
| 139,70 | 412,85 | 58,4 | 20 | 1,2 |
| 130,84 | 403,99 | 35,2 | 25 | 1,5 |
| 119,56 | 392,71 | 18,1 | 35 | 0,4 |
| 111,18 | 384,33 | 10,2 | 35 | 0,4 |
| **Sublimation** | | | | |
| 101,08 | 374,23 | 5,06 | 50 | 0,4 |
| 81,67 | 354,82 | 0,782 | 50 | 0,2 |
| 71,13 | 344,28 | 0,301 | 50 | 0,7 |
| 62,30 | 335,45 | 0,115 | 50 | 1,0 |
| 52,49 | 325,62 | 0,0401 | 80 | 0,4 |
| 23,86 | 297,01 | $7,09.10^{-4}$ | 220 | 1,4 |

### 6.10. Benzo(k)fluoranthène

Tableau III. 20: Pressions de sublimation du benzo(k)fluoranthène

| T/°C | T/K | P/Pa | Temps de piégeage (mn) | CV % |
|------|------|------|------------------------|------|
| 201,02 | 474,17 | 25,9 | 15 | 1,8 |
| 180,45 | 453,6 | 8,10 | 25 | 0,5 |
| 160,32 | 433,47 | 1,62 | 35 | 1,7 |
| 139,98 | 413,13 | 0,306 | 50 | 0,9 |
| 120,21 | 393,36 | 0,0507 | 60 | 0,8 |
| 100,07 | 373,22 | $5,02.10^{-3}$ | 80 | 1,2 |
| 79,97 | 353,12 | $4,13.10^{-4}$ | 100 | 0,6 |
| 61,67 | 334,82 | $3,06.10^{-5}$ | 120 | 1,9 |
| 51,69 | 324,84 | $1,55.10^{-5}$ | 180 | 1,3 |

### 6.11. Dibenz(a,c)anthracène

Tableau III. 21: Pressions de vapeur et pressions de sublimation du dibenz(a,c)anthracène

| T/°C | T/K | P/Pa | Temps de piégeage (mn) | CV % |
|------|-----|------|------------------------|------|
| Vaporisation | | | | |
| 250 | 523,15 | 67,3 | 3 | 1,0 |
| 230 | 503,15 | 21,9 | 5 | 0,6 |
| 210 | 483,15 | 8,22 | 10 | 0,5 |
| Sublimation | | | | |
| 200,12 | 473,27 | 3,92 | 10 | 0,3 |
| 179,88 | 453,03 | 1,04 | 25 | 0,7 |
| 160,02 | 433,17 | 0,198 | 45 | 0,1 |
| 139,95 | 413,1 | 0,0377 | 45 | 0,5 |
| 103,24 | 376,39 | $9,46.10^{-4}$ | 200 | 1,0 |
| 85,91 | 359,06 | $1,46.10^{-4}$ | 200 | 0,6 |

### 6.12. Dibenz(a,h)anthracène

Tableau III. 22 : Pressions de sublimation du 1,2,5,6-dibenzanthracène

| T/°C | T/K | P/Pa | Temps de piégeage (mn) | CV % |
|------|-----|------|------------------------|------|
| 249,88 | 523,03 | 74,2 | 4 | 0,8 |
| 230,06 | 503,21 | 18,1 | 4 | 1,3 |
| 210,12 | 483,27 | 4,71 | 10 | 0,3 |
| 189,99 | 463,14 | 1,07 | 20 | 0,2 |
| 169,15 | 442,3 | 0,225 | 60 | 0,3 |
| 150,68 | 423,83 | 0,0410 | 60 | 0,7 |
| 130,66 | 403,81 | $6,69.10^{-3}$ | 60 | 1,0 |
| 109,75 | 382,9 | $9,82.10^{-4}$ | 150 | 1,2 |
| 89,75 | 362,9 | $1,41.10^{-4}$ | 150 | 1,9 |
| 73,25 | 346,4 | $2,31.10^{-5}$ | 200 | 1,2 |

### 6.13. Coronène

Tableau III. 23 : Pressions de sublimation du Coronène

| T/°C | T/K | P/Pa | Temps de piégeage (mn) | CV % |
|------|------|------|------------------------|------|
| 240,67 | 513,82 | 1,57 | 10 | 1,2 |
| 221,2 | 494,35 | 0,358 | 10 | 1,3 |
| 201,6 | 474,75 | 0,0753 | 10 | 1,1 |
| 180,38 | 453,53 | 0,0143 | 10 | 0,6 |
| 160,16 | 433,31 | $2,52.10^{-3}$ | 10 | 0,7 |
| 140,35 | 413,5 | $4,25.10^{-4}$ | 30 | 0,8 |
| 120,74 | 393,89 | $5,70.10^{-5}$ | 80 | 1,6 |
| 110,32 | 383,47 | $2,08.10^{-5}$ | 100 | 1,4 |

# Chapitre IV

Modélisation des pressions de vapeur des
Hydrocarbures Aromatiques Polycycliques
par l'équation de Coniglio-Rauzy

## 1. EQUATIONS D'ETATS CUBIQUES – GENERALITES

Les équations d'état cubiques sont des équations semi-empiriques très utilisées en thermodynamique appliquée pour des raisons de simplicité, rapidité de calcul et aptitude de prévision des équilibres de phases. Elles comportent deux termes : le terme répulsif « $P_R$ » et le attractif « $P_A$ » avec :

$$P = P_R + P_A$$

Les équations d'état cubiques les plus connues sont celles de van der Waals, Redlich-Kwong, Soave-Redlich-Kwong et Peng-Robinson. Pour toutes ces équations, le terme répulsif est celui mis au point par van de Waals :

$$P_R = \frac{RT}{v - b}$$

En revanche le terme attractif présente des variantes et s'écrit de façon générale :

$$P_A = -\frac{a}{g(v)}$$

où g(v) est fonction du volume molaire et « a » est le terme dit « énergétique » qui dépend de l'intensité des forces d'attractions intermoléculaires.

### 1.1. Équation de van der Waals

La première équation pour les fluides réels proposée par van der Waals en 1873, dérive de l'expression des gaz parfaits (Bondi, 1964) :

$$P = \frac{RT}{v - b} - \frac{a}{v^2}$$

Les valeurs des paramètres a et b sont déterminées à partir des données critiques ($T_c$ et $P_c$) :

$$a = \frac{27}{64} \frac{R^2 T_c^2}{P_c}$$

$$b = \frac{1}{8} \frac{R T_c}{P_c}$$

### 1.2. Équation de Redlich-Kwong

Une première modification de l'équation de van der Waals proposée par Redlich et Kwong en 1949, introduit une dépendance de la température pour le terme « a ». Cette équation a été utilisée pour les équilibres « liquide-vapeur» sous la forme suivante (Redlich et  Kwong, 1949) :

$$P = \frac{RT}{v-b} - \frac{a\alpha}{v(v+b)}$$

Avec

$$\alpha = \frac{1}{\sqrt{T}}$$

$$a = \frac{\Omega_a R^2 T_c^{2.5}}{P_c} = 0.42748 \frac{R^2 T_c^{2.5}}{P_c} \left( \Omega_a = \frac{1}{9(2^{1/3}-1)} \right)$$

$$b = \frac{\Omega_b R T_c}{P_c} = 0.08664 \frac{R T_c}{P_c} \left( \Omega_b = \frac{(2^{1/3}-1)}{3} \right)$$

Cette équation peut être employée pour calculer les propriétés thermiques et volumétriques des composés purs et des mélanges. Par contre, son application aux équilibres « liquide-vapeur » des multicomposants aboutit à des résultats peu satisfaisants. Cela est dû à l'utilisation des paramètres a et b indépendants de la température.

### 1.3. Équation Soave-Redlich-Kwong

Abbott a écrit en 1989 «  les équations d'état cubiques à deux paramètres ne peuvent pas représenter avec une précision suffisante à la fois le comportement volumétrique et les pressions de vapeur ». Cependant, Soave, Redlich et Kwong en 1972 ont modifié l'expression du terme attractif en faisant intervenir une fonction dépendante de la température et de la forme de la molécule, c'est-à-dire le facteur acentrique ($\omega$), conduisant ainsi l'équation d'état à reproduire les données de pression de vapeur des différents corps purs à la température réduite Tr=0,7. Ainsi l'équation qui en résulte est de la forme suivante (Soave, 1972) :

$$P = \frac{RT}{v-b} - \frac{a(T)}{v(v+b)}$$

Avec

$$a(T) = a_c.\alpha(T_r, \omega)$$

$$a_c = 0.42748 \frac{R^2 T_c^2}{P_c} \quad b = 0.08664 \frac{RT_c}{P_c} \quad Z_c = \frac{1}{3}$$

$$\alpha(T_r, \omega) = \left[ 1 + m(1 - T_r^{1/2}) \right]^2$$

$$m = 0.480 + 1.574\omega - 0.175\omega^2$$

$$\omega = -\log\left( P_r^{sat}(T_r = 0.7) \right) - 1$$

L'équation Soave-Redlich-Kwong (SRK) est capable de restituer des pressions de vapeur jusqu'à des températures réduite égale à 0,7 avec une très bonne précision. Elle s'applique aux composés non polaires ou légèrement polaires.

### 1.4. Equation de Peng-Robinson

Une amélioration du terme attractif *a* été proposée par Peng et Robinson en 1976 afin de mieux représenter les propriétés volumétriques des hydrocarbures. Cependant ces propriétés sont mal représentées au voisinage du point critique. De même la compressibilité critique $Z_c$ est surestimée par rapport aux valeurs expérimentales. L'équation d'état de Peng-Robinson (PR) est utilisée également pour les composés polaires (Peng et Robinson, 1976).

$$P = \frac{RT}{v-b} - \frac{a(T)}{v^2 + 2vb + b^2}$$

Avec

$$a(T) = a_c.\alpha(T_r, \omega)$$

$$a_c = 0.45724 \frac{R^2 T_c^2}{P_c} \quad b = 0.07780 \frac{RT_c}{P_c} \quad Z_c = 0.3074$$

$$\alpha(T_r, \omega) = \left[ 1 + m(1 - T_r^{1/2}) \right]^2$$

$$m = 0.37464 + 1.54226\omega - 0.26992\omega^2$$

$$\omega = -\log\left( P_r^{sat}(T_r = 0.7) \right) - 1$$

## 2. ÉQUATION D'ETAT UTILISEE POUR ESTIMER LES PRESSIONS DE VAPEUR DES HAPS

Le principal inconvénient de l'utilisation des équations cubiques est la nécessité de connaître les grandeurs critiques pour estimer la fonction *a(T)* et pour le calcul du *b*. En effet ces paramètres ne sont pas disponibles pour les composés peu volatils. En 1982, Coniglio-Rauzy ont proposé une nouvelle version de l'équation cubique présentant une correction volumique :

$$P = \frac{RT}{(\tilde{v} - \tilde{b})} - \frac{a(T)}{\tilde{v}(\tilde{v} + \gamma \tilde{b})} \quad avec \; \gamma = 2(\sqrt{2} + 1) \tag{IV.1}$$

avec $v = \tilde{v} - c$ et $b = \tilde{b} - c$

$\tilde{b}$ est le pseudo-covolume et *a(T)* une fonction dépendant de la température. Le pseudo-covolume $\tilde{b}$ est estimé à partir de la méthode de contribution de groupes développée par Bondi (1964); en considérant qu'il est proportionnel au volume de van der Waals $V_w$ et en prenant le méthane comme référence. Il en résulte l'expression suivante :

$$\tilde{b} = \frac{\tilde{b}_{CH_4}\left(\sum_{j=1}^{7} V_{w,j}N_j + \sum_{k=1}^{3} \delta V_{w,k}I_k\right)}{V_{w,CH_4}}$$  (IV.2)

avec $\tilde{b}_{CH_4}$ =15,68 cm$^3$.mol$^{-1}$ et $V_{w,CH_4}$ = 17,12 cm$^3$ mol$^{-1}$

$V_{w,j}$ est la contribution du groupe j au volume de van der Waals et $N_j$ le nombre de groupes de même type. $\delta V_{w,k}$ est le type k d'incrément dans le volume de van der Waals et $I_k$ le nombre d'incréments correspondant. Les paramètres des groupes et les incréments sont donnés dans le tableau IV.1.

La fonction $a(T)$ est représentée de la manière suivante :

$$a(T) = a(T_b)\left\{1 + m_1\left[1 - \left(\frac{T}{T_b}\right)^x\right] - m_2\left[1 - \left(\frac{T}{T_b}\right)^y\right]\right\}$$  (IV.3)

où $a(T_b)$ est la valeur du paramètre **a** à la température normale d'ébullition, tandis que x et y sont égaux à 0,05 et 1 respectivement.

Comme signalé par (Carrier et al., 1988), les paramètres $m_1$ et $m_2$ sont exprimés en fonction d'un seul paramètre $m$ selon les fonctions suivantes :

$$m_1 = C_1 + C_2\, m_2$$  (IV.4)

$$m_2 = \frac{m - C_1 x}{C_2 x - y}$$  (IV.5)

Les coefficients numériques $C_1$ et $C_2$ employés dans les expressions de $m_1$ et $m_2$ ont été ajustés sur la pression de vapeur de 128 composés soit 3385 points, dans un domaine de température allant de 280 à 620 K et un domaine de pression compris entre $10^{-1}$ et $10^5$ Pa. Le facteur $m$ tient compte de la forme de la molécule et remplace le facteur acentrique. Ce paramètre peut être soit ajusté à partir de données expérimentales de pressions de vapeur, soit estimé par une méthode de contribution de groupes :

$$m = C_3 + S - C_4 S^2$$  (IV.6)

où $S$ est calculé par une méthode de contribution de groupes avec des incréments caractéristiques de la famille d'hydrocarbures :

$$S = \sum_{j=1}^{7} M_j N_j + \sum_{k=1}^{6} \delta m_k I_k \qquad \text{(IV.6)}$$

Les constantes générales $C_1$, $C_2$, $C_3$ et $C_4$, les paramètres $M_j$, $\delta m_k$ et $I_k$ sont indiqués dans le tableau IV.2.

La méthode par ajustement nous a permis de générer des valeurs de $m_{lissé}$ pour différents composés que nous avons comparés aux valeurs de $m_{CG}$ par contribution de groupes. Ainsi pour les HAPs ayant plus de 3 cycles polycondensés dans le plan principal, il a été nécessaire d'ajouter un incrément pour l'estimation du paramètre $m_{CG}$ afin que ce dernier soit aussi proche que possible du $m_{lissé}$. Cet indice, nommé indice de condensation, tient compte du nombre de plans dans la molécule polycyclique. Pour le déterminer, il faut choisir une direction de référence dans le plan d'une molécule aromatique polynucléaire. Ce plan est fixé par un axe de symétrie bissecteur des liaisons carbone dans les cycles, comme l'indique la figure IV.1. Par la suite, une contribution positive de 0,025045 a été donnée à cet incrément.

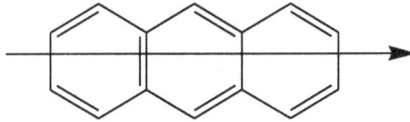

**Figure IV. 1** : Axe de symétrie bissecteur de liaison C-C

### 2.1. **Exemple de calcul du volume de van der Waals et du paramètre S : Cas du fluoranthène**

Un exemple de calcul du volume de van der Waals et du paramètre $S$ intervenant respectivement dans le calcul du covolume $\tilde{b}$ et du paramètre $m$ est détaillé dans le tableau IV.4.

La molécule de fluoranthène (figure IV.2) présente un cyclopentane entouré de trois cycles benzéniques. Ainsi le découpage de la molécule doit prendre en compte les incréments résultant de la condensation du cycle à 5 carbones.

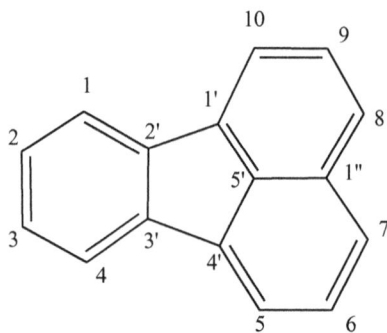

**Figure IV. 2** : Fluoranthène

**Tableau IV. 1** : Exemple de calcul du volume de van der Waals et du paramètre *S* du Fluoranthène

| *Volume de van der Waals* | *Paramètre S* |
|---|---|
| $$\sum_{j=1}^{7} V_{w,j} N_j + \sum_{k=1}^{3} \delta V_{w,k} I_k$$ | $$\sum_{j=1}^{7} M_j N_j + \sum_{k=1}^{6} \delta m_k I_k$$ |
| 10 CH$_{aromatique}$➔ $V_{w,j} N_j$ = 10* 8.06 <br><br> pour C$_1$ à C$_{10}$ | 10 CH$_{aromatique}$➔ $M_j N_j$ = 10*0.02678 <br><br> pour C$_1$ à C$_{10}$ |
| 5 C$_{quaternaire}$ ➔ $V_{w,j} N_j$ = 5*3.33 <br><br> pour C$_{1'}$ à C$_{5'}$ | 5 C$_{quaternaire}$ ➔ $M_j N_j$ = 5*0 <br><br> pour C$_{1'}$ à C$_{5'}$ |
| 1 C$_{cycle\ condensé}$ ➔ $V_{w,j} N_j$ = 1*4.74 <br><br> pour C$_{1''}$ | 1 C$_{cycle\ condensé}$➔ $M_j N_j$ = 1*0.00449 <br><br> pour C$_{1''}$ |
| Incrément de cycloalcane condensé à un <br><br> benzène ➔ $\delta V_{w,k} I_k$ = -1.66 | Incrément de cycloalcane substitué <br><br> I$_k$= 5+5-6 = 4 * 0.00702 |

## 3. ESTIMATION ET CORRELATION DES PRESSIONS DE VAPEUR

Comme nous l'avons évoqué précédemment, l'équation IV.1 peut être utilisée de deux manières différentes selon le but recherché :

⇒ Prédiction des pressions de vapeur d'un composé

⇒ Corrélation des pressions de vapeurs expérimentales

### 3.1. Prédiction des pressions de vapeur par l'équation d'état de Coniglio-Rauzy

Lors de l'utilisation d'une équation d'état, il est courant de raisonner en terme de compacité η :

$$\eta = \frac{\tilde{b}}{\tilde{v}}$$

Ainsi l'équation IV.1 aboutit à la relation IV.8

$$P = \frac{RT}{\tilde{b}} \frac{\eta}{1+\eta} - \frac{a(T)}{\tilde{b}^2} \frac{\eta^2}{1+\gamma\eta^2} \qquad \textbf{(IV.8)}$$

Le calcul des pressions de vapeur d'un corps pur par l'équation IV.8 comporte les étapes suivantes :

1) Calcul du covolume $\tilde{b}$ par la relation IV.2

2) Le paramètre $m$ est calculé par la relation IV.6

3) Le terme $a(Teb)$ de la relation IV.3 est calculé en résolvant l'équation IV.1 dans laquelle on porte les valeurs $T=T_{ébullition}$ et $P=P_{atmosphérique}= 1,01325$ bar

Le calcul est initialisé pour 2 valeurs différentes de $\eta$ :

- $\eta_{liquide} = 0,9999$ pour la phase liquide

- $\eta_{vapeur} = 0,0001$ pour la phase vapeur

La méthode de Newton-Raphson est appliquée jusqu'à la vérification de l'équilibre thermodynamique (égalités des fugacités des deux phases)

4) La température étant fixée, $a(T)$ est calculée par la relation IV.3

5) La pression de vapeur est calculée en résolvant l'équation IV.1 par itération successives, la pression étant initialisée à une valeur raisonnable. L'incrémentation de la pression de vapeur est obtenue par la méthode Newton-Raphson jusqu'à la vérification de l'égalité de fugacité des 2 phases.

Le calcul de la pression de vapeur à une température donnée est donc totalement prédictif. Seul est nécessaire la donnée de la température d'ébullition du corps.

### 3.2. Ajustement des pressions de vapeur expérimentales par le modèle

Cette corrélation revient à ajuster le paramètre de forme $m$ aux données expérimentales (P,T) afin de restituer au mieux l'ensemble des points expérimentaux. Dans un premier temps $m$ est initialisé à la valeur prévue par la méthode de contribution de groupes afin

93

d'avoir une convergence rapide. Connaissant la température d'ébullition normale du composé, les différents paramètres de l'équation (IV.1) sont calculés par les différentes relations présentées précédemment. La pression calculée $P_{cal}$ aux différentes températures expérimentales est obtenue grâce à l'équation (IV.1) et en minimisant l'expression suivante :

$$E = \frac{1}{n} \sum_{i=1}^{n} \left| \frac{P_{exp} - P_{cal}}{P_{exp}} \right|$$

### 3.3. Pressions de vapeur des HAPs prédites par le modèle

Dans le tableau IV.5, nous présentons les pressions de vapeur de la littérature qui ont servi de base de données. Leur compilation nous a permis d'apporter au modèle les modifications nécessaires pour l'estimation des pressions de vapeur des polyaromatiques étudiés dans le présent travail.

Le tableau IV.5 indique également différents paramètres dont la température d'ébullition $T_{eb}$, le covolume $\tilde{b}$, le paramètre de forme $m_{lissé}$ ajusté sur les points expérimentaux ainsi que $m_{CG}$ obtenu par contribution de groupe. Dans ce tableau est présenté l'écart entre la pression de la littérature, $P_{lit}$, et la pression calculée par le modèle après ajustement des points de la littérature $P_{cal}$ ainsi que l'écart entre la $P_{lit}$ et celle prédite par le modèle $P_{est}$. On remarque que l'écart entre la $P_{lit}$ et $P_{cal}$ est faible dans la majorité des cas (inférieur à 4%) sauf pour le 9-Methylanthracène (5,7%), Acénaphtène (4,0%) , 1,4-dimethylnaphthalène (4,2%) et 1,6-diméthylnaphthalène (6,4%). Le détail des calculs de lissage des points de la littérature par le modèle est donné dans l'annexe III (Camin et Rossini, 1955 ; Fowler et al., 1968 ; Hernandez-Garduza et al., 1980 ; Mokbel, 1993 ; Mokbel et al., 1995 ; Mokbel et al., 1998 ; Mortimer et Murphy, 1923 ; Osborn et Doulsin., 1975 ; Sawaya et al., 2004 ; Stull, 1947 ; Tsypkina, 1955 ; Wleczorek et Kobayashi, 1981 ; 1981).

De la même façon que pour les composés de la littérature, nous avons appliqué le modèle aux 4 composés polyaromatiques présentés au chapitre III (tableau IV.6) : Phénanthrène, fluoranthène, 1,2-benzanthracène et 1,2,3,4-dibenzanthracène. Seuls ces 4 composés ont été étudiés car ils sont liquides dans le domaine de température exploré. En effet ce modèle ne restitue pas les pressions de sublimation. D'autre part il faut noter que les valeurs de la littérature du phénanthrène ont été prises en compte pour ajuster le paramètre $m$ sur un plus grand nombre de données.

L'ajustement du paramètre $m$ à nos données expérimentales permet une excellente représentation des résultats puisque l'écart moyen de lissage sur les pressions est inférieur à 5% sauf pour le 1,2,3,4-dibenzanthracène. De même l'écart entre la pression expérimentale et celle estimé par le modèle est faible (inférieur à 4%) sauf pour 1,2,3,4-dibenzanthracène où il atteint 8%.

Le détail des calculs des pressions de vapeur des 4 polyaromatiques estimées par le modèle est donné dans l'annexe III.

### 3.4. Comparaison des pressions de vapeur expérimentales avec celles calculées par l'equation de Peng-Robinson.

L'équation d'état de Peng-Robinson dans sa version originale (logiciel commercial, ProSim-Simulis), a été appliquée sur trois des molécules étudiées précédemment : phénanthrène, fluoranthène et le benzanthracène. Le but de cette étude est de comparer la restitution des pressions de vapeur de ces composés avec les résultats obtenus par le modèle de Coniglio-Rauzy amélioré. Nous rappelons que l'utilisation de l'équation d'état de Peng-Robinson nécessite la connaissance des paramètres critiques.
Les résultats obtenus ainsi que les écarts relatifs avec les pressions expérimentales sont résumés dans le tableau IV.7.

Si l'équation de PR restitue bien les données expérimentales pour le phénanthrène (écart moyen de 5%) il n'en est pas de même pour les deux autres composés où l'écart est de -27% pour le benzanthracène et 38% pour le fluoranthène. Cet écart peut s'expliquer par le fait que les paramètres critiques sont probablement entachés d'erreur. En effet ces paramètres critiques n'étant pas disponibles dans la littérature, nous les avons estimés par la méthode de contribution de groupes d'Ambrose.

Les résultats obtenus avec l'équation de PR soulignent l'intérêt de l'utilisation du modèle de Coniglio-Rauzy qui utilise la température d'ébullition du produit, paramètre nettement plus disponible dans la littérature que les points critiques.

En conclusion nos résultats confirment la validité de la méthode de contribution de groupe utilisée pour représenter et surtout prédire les pressions de vapeur des HAPs lourds dans le domaine de pressions compris entre 1 et 5000 Pa. Ils ont dans le même temps favorisé l'accroissement et l'amélioration de la base de données relative à cette équation.

Pour de tels composés, lorsque leur pression de vapeur est inconnue il est possible de la calculer d'une manière fiable par le modèle, ce qui est très utile, sachant que de nombreux composés d'intérêt avec des points de fusion supérieurs à 200°C ne sont pas étudiés dans la littérature.

**Tableau IV. 2** : Contributions de groupes et incréments de Bondi pour l'estimation du volume de van der Waals

| Groupe | $V_{w,j}$ $(cm^3.mol^{-1})$ |
|---|---|
| Alcanes | |
| $CH_3$ | 13,67 |
| $CH_2$ | 10,23 |
| CH | 6,78 |
| C quaternaire | 3,33 |
| Aromatiques | |
| CH | 8,06 |
| C substitué | 5,54 |
| C cycle condensé | 4,74 |
| **Incréments** | $\delta V_{w,k} I_k$ $(cm^3.mol^{-1})$ |
| Incrément par cycle cyclopentyl et cyclohexyl, libre ou condensé en trans. | -1,14 |
| Incrément par cycle cyclopentyl et cyclohexyl, condensé en Cis (cis decaline) | -2,50 |
| Cycloalcanes condensé à un benzène | -1,66 |

97

**Tableau IV. 3** : Contributions de groupes et incréments pour l'estimation du paramètre m

| | |
|---|---|
| $C_1$ | 12,5295 |
| $C_2$ | 41,3891 |
| $C_3$ | 0,34190 |
| $C_4$ | 0,18473 |
| *Groupe* | *$M_j$* |
| *Alcanes* | |
| $CH_3$ | 0,04125 |
| $CH_2$ | 0,04303 |
| CH | 0,02802 |
| C quaternaire | 0,00000 |
| *Aromatiques* | |
| CH | 0,02678 |
| C substitué | 0,03667 |
| C cycle condensé | 0,00449 |
| Incréments | $\delta m_k$ |
| Incrément caractéristiques aux alcanes normaux<br><br>$I_k = N_c^{-0.5}$      pour $N_c > 7$<br><br>$N_c$ le nombre total d'atomes de carbone | 0,04523 |
| Incrément caractéristique des alcanes ou cycloalcanes substitués avec :<br><br>$I_k = N_{carbones} + N_{Substitués} - 6$      pour $N_c < 8$<br><br>$I_k = 2$                      pour $N_c > 8$ | 0,00702 |
| Incrément d'indice de condensation | 0,025045 |
| Incrément caractéristique des polyaromatiques avec<br><br>$I_k = 1$ pour le naphtalène et ses dérivés<br><br>$I_k = (-1)^\alpha \, 0,15 \, (N_{c,2} + N_{c,3})$<br><br>Avec $N_{c,2}$ et $N_{c,3}$ les atomes de carbone communs à 2 et 3 cycles respectivement, $\alpha$ le nombre de noyaux aromatiques dans la molécule | 0,01812 |

**Tableau IV. 4** : Exemples d'indice de condensation

| Composé | Indice de condensation |
|---------|------------------------|
| | 1 |
| | 2 |
| | 3 |

**Tableau IV. 5** : Résultats des lissages et des prévisions des pressions de vapeur par le modèle appliqué aux données de la littérature.

| Composé | Nb de pts | Pression (Pa) | $T_{eb}/K$ | $\tilde{b}$ (cm³) | Ajustement $m_{lissé}$ | Ajustement $\Delta P/P$ (%) | Contribution de groupes $m_{CG}$ | Contribution de groupes $\Delta P/P$ (%) |
|---------|-----------|---------------|------------|-------------------|------------------------|------------------------------|-----------------------------------|------------------------------------------|
| Anthracène | 43 | $5,10^3 - 1,10^5$ | 614,96 | 91,29 | 0,60392 | 0,6 | 0,62228 | 1,5 |
| 9-MeAnthracène | 11 | 4,94 - 930 | 639,58 | 101,52 | 0,65655 | 0,7 | 0,66733 | 5,7 |
| 2-EthAnthracène | 5 | 194 - 740 | 644,25 | 110,90 | 0,69538 | 1,0 | 0,70449 | 3,4 |
| Acenaphthène | 49 | $666 - 1,10^5$ | 550,38 | 75,38 | 0,61012 | 1,6 | 0,59417 | 4,0 |
| Pyrène | 21 | $78 - 1,10^5$ | 667,85 | 99,99 | 0,63597 | 1,9 | 0,63508 | 2,0 |
| Naphthalène | 43 | $1,10^3 - 1,10^5$ | 491,10 | 67,82 | 0,57356 | 0,1 | 0,57248 | 0,2 |
| 1-MeNaphthalène | 59 | $6 - 415,10^3$ | 517,84 | 78,04 | 0,61184 | 0,7 | 0,61858 | 1,0 |
| 2-MeNaphthalène | 64 | $33 - 821,10^3$ | 514,2 | 78,04 | 0,61543 | 0,4 | 0,61858 | 0,5 |
| 2-EthNaphthalène | 19 | $1 - 17,10^3$ | 531,08 | 87,42 | 0,65436 | 0,8 | 0,65662 | 1,4 |
| 1,3-diMeNaphthalène | 19 | $0,6 - 13,10^3$ | 538,35 | 88,27 | 0,66107 | 2,8 | 0,66371 | 2,9 |
| 1,4-diMeNaphthalène | 19 | $0,6 - 14,10^3$ | 540,45 | 88,27 | 0,65546 | 2,0 | 0,66371 | 4,2 |
| 1,5-diMeNaphthalène | 12 | $120 - 9,10^3$ | 542,30 | 88,27 | 0,65707 | 0,8 | 0,66371 | 1,9 |
| 1,6-diMeNaphthalène | 20 | $0,31 - 18,10^2$ | 543,15 | 88,27 | 0,64953 | 1,6 | 0,66371 | 6,4 |

99

| | | | | | | | 0,4 | 0,66371 | 0,4 |
|---|---|---|---|---|---|---|---|---|---|
| 2,3-diMeNaphthalène | 7 | 460 - 18,10² | 542,22 | 88,27 | 0,66424 | | | | |
| 2,6-diMeNaphthalène | 7 | 800 - 34,10² | 536,00 | 88,27 | 0,65396 | | 0,3 | 0,66371 | 2,7 |
| 2,7-diMeNaphthalène | 7 | 370 - 15,10² | 536,20 | 88,27 | 0,65656 | | 0,04 | 0,66371 | 2,4 |
| 2-PheNaphthalène | 14 | 8 - 400 | 632,40 | 107,54 | 0,72958 | | 0,6 | 0,73083 | 0,9 |

$$\Delta P / P \ (\%) = 100 \frac{P_{exp} - P_{cal\,ou\,est}}{P_{exp}}$$

**Tableau IV. 6**: Résultats des lissages et des prévisions des pressions de vapeur par le modèle – Comparaison avec nos données expérimentales.

| Composé | Nb de pts | Pression (Pa) | $T_{eb}$/K | $\tilde{b}$ cm³ | Ajustement | | Contribution de groupe | |
|---|---|---|---|---|---|---|---|---|
| | | | | | $m_{lissé}$ | $\Delta P/P$ (%) | $m_{CG}$ | $\Delta P/P$ (%) |
| Phénanthrène | 47 | 28 - 3,10³ | 613,15 | 91,29 | 0,61989 | 2,7 | 0,62228 | 3,1 |
| Fluoranthène | 6 | 10 - 150 | 657,15 | 92,00 | 0,62502 | 3,0 | 0,62560 | 3,1 |
| 1,2-bzA | 5 | 14 - 110 | 711,15 | 114,77 | 0,76485 | 4,1 | 0,76663 | 4,2 |
| 1,2,3,4-dba | 3 | 8 - 68 | 791,15 | 138,24 | 0,87443 4 | 5,4 | 0,86179 | 7,8 |

$$\Delta P / P \ (\%) = 100 \frac{P_{exp} - P_{cal\,ou\,est}}{P_{exp}}$$

**Tableau IV. 7 : Ecart relatif moyen obtenu entre les pressions de vapeur expérimentales et celles calculées par l'équation de PR**

| Composé | Nb de pts | Tc (K) | Pc (Pa) | Vc (cm³/mol) | Omega | $\Delta P/P$ (%) |
|---|---|---|---|---|---|---|
| Phénanthrène | 11 | 869 | 2,90.10⁶ | 554 | 0,472 | 4,5 |
| Fluoranthène | 6 | 905 | 2,61.10⁶ | 655 | 0,227 | 38 |
| 1,2-bzA | 5 | 979 | 2,39.10⁶ | 690 | 0,569 | -27 |

$$\Delta P / P \ (\%) = 100 \frac{P_{exp} - P_{est}}{P_{exp}}$$

# Chapitre V

Mesure de la pression de vapeur par saturation de gaz inerte : méthode « absolue »

Application à l'étude de $ZrCl_4$ et de $HfCl_4$

## 1. INTRODUCTION

La technique de mesure des pressions de vapeur présentée dans le chapitre 2 est utilisable pour tout composé organique pouvant être analysé par CPG.

Le but de la présente étude est de développer la méthode à saturation de gaz inerte pour des composés non analysables par CPG. C'est par exemple le cas de la grande majorité des composés minéraux.

Dans le cas présent nous avons opté pour la méthode « absolue » de mesure de pressions de vapeur par entrainement à l'aide de gaz inerte. Cette technique est applicable dans une large gamme de pressions allant de $10^{-3}$ Pa à 10 kPa. Le produit pur est placé dans une cellule chauffée à la température de mesure et la phase vapeur est entraînée par un gaz vecteur inerte. Cette saturation est suivie en aval par un piégeage qui permet la récupération du composé en vue de sa quantification puis le calcul de sa pression de vapeur saturante. Bien que cette méthode paraisse simple, sa mise en œuvre est délicate suite aux multiples sources d'erreurs pouvant entrainer des biais importants dans les résultats expérimentaux (contrôle du débit de gaz de saturation, risque de « fuites » ou de piégeage dans des zones froides, maîtrise de la quantification, etc.).

Les travaux de mise au point de la méthode ont été réalisés dans le cadre d'une problématique industrielle (Société CEZUS-AREVA), qui est l'optimisation de la purification du tétrachlorure de Zirconium (ZrCl₄) par distillation extractive. Concrètement il s'agit de mesurer les pressions de vapeur de ZrCl₄, HfCl₄ et de mélanges KCl-AlCl₃ dans un domaine de températures élevées (250-300°C).

## 2. PROBLEMATIQUE INDUSTRIELLE DE L'ETUDE

Le hafnium et le zirconium coexistent à l'état naturel dans les mêmes minéraux suite à leurs propriétés chimiques très voisines. Les deux minerais les plus importants à partir desquels le zirconium et le hafnium peuvent être obtenus sont le baddeleyite ($ZrO_2$) et le zircon ($ZrSiO_4$). Le Zircon, source principale de ces deux métaux, contient environ de 2% de hafnium. Le zirconium ayant une section de capture neutronique particulièrement faible ($1,80.10^{-29}$ m²) et une résistance à la corrosion par l'eau chaude exceptionnelle, son utilisation principale est la constitution des gaines contenant les matériaux fissiles dans les réacteurs nucléaires (Morozov et al., 1982). Une petite quantité de zirconium est également employée comme métal résistant à la corrosion dans l'industrie chimique et comme additif d'alliage pour l'amélioration de la tenue à la corrosion intergranulaire des alliages d'aluminium et de magnésium. D'autre part, le hafnium trouve une application importante comme métal constituant les barres de commande dans les réacteurs nucléaires car sa section efficace de capture neutronique est élevée ($1,05.10^{-26}\,m^2$), et sa résistance à la corrosion par l'eau chaude est excellente (Kim et Spink, 1974 ; Tangri et al., 1995).

Le zirconium utilisé pour des applications nucléaires doit être à très faible teneur en hafnium (<100ppm). Cependant, le zirconium et le hafnium ayant des rayons ioniques très proches (respectivement 0,080 nm et 0,081 nm), les propriétés chimiques et physico-chimiques de leurs combinaisons chimiques sont très voisines. Il en résulte une grande difficulté pour préparer ces deux métaux à un haut degré de pureté. La méthode de purification la plus courante est la distillation des tétrachlorures. Le tableau V.1 permet de comparer les températures de fusion et de sublimation des tétrachlorures (Denisova et al., 1966 ; Kipouros et Flengas, 1978 ; Lister et Flengas, 1964 ; Tangri et Bose, 1994 ; Terzi et Constantinescu, 1994)

**Tableau V. 1 : Température de changement d'état de ZrCl₄ et de HfCl₄**

|  | ZrCl₄ | HfCl₄ |
|---|---|---|
| Température de fusion   (P ~ 10 atm) | 437°C | 434°C |
| Température de sublimation (P = 1 atm) | 334°C | 315°C |
| Température critique | 496°C | 448°C |
| Pression critique | 5766 kPa | 5776kPa |

Ces derniers sont obtenus industriellement par carbochloration du zircon. La séparation par distillation des deux halogénures constitue une étape essentielle dans la métallurgie du zirconium, le hafnium étant un sous produit.

La séparation du zirconium et du hafnium par distillation directe des tétrachlorures est difficile. Elle est possible seulement à des pressions élevées, de l'ordre de 2,5 à 3 MPa, dans un domaine liquide relativement étroit car leurs points critiques sont relativement bas (~500°C). De plus, maitriser le fonctionnement d'une colonne à distiller industrielle fonctionnant à une telle température et une pression aussi élevée de produits particulièrement corrosifs est un défi délicat à relever. Ceci est une complication importante à l'utilisation pratique de cette technique de séparation. Une alternative à la distillation directe du ZrCl₄ et de HfCl₄ est la distillation extractive, processus qui utilise un solvant ayant une température de fusion relativement basse et une faible pression de vapeur. La sélection d'un solvant approprié et l'optimisation de la distillation des tétrachlorures permet au procédé de fonctionner à la pression atmosphérique. Dans le procédé CEZUS le solvant couramment employé pour la séparation de ces chlorures est KAlCl₄ (mélange de sels fondus KCl et AlCl₃). Dans la pratique c'est l'eutectique très proche en composition du KAlCl₄, (AlCl₃/KCl) 1:1.04), qui est utilisé (Nielson et al., 2009 ; Pickles et Flengas, 1997). La température de fusion de l'eutectique est 256 °C.

**3. DISPOSITIF EXPERIMENTAL**

Le dispositif mis au point pour l'étude des composés purs est représenté à la figure V.1. Le gaz vecteur utilisé est l'azote. L'entrée du système comporte un filtre à oxygène afin d'éviter tout risque d'oxydation des composés étudiés. Un débitmètre massique permet le réglage du débit d'azote à 0,01 mL/min près. Ce débitmètre est contrôlé par un boitier électronique qui permet de fixer la valeur de consigne et de suivre en ligne le débit réel. Une vanne à trois voies est installée en sortie du débitmètre, elle permet l'interruption puis la mise en service du gaz de saturation lors de la montée en température du four. Elle est suivie d'un filtre à particules afin de protéger le débitmètre contre une remontée possible de produits solides puis par un serpentin de préchauffage. Ce dernier assure la mise en température du gaz de saturation.

La cellule d'équilibre « liquide-vapeur » a une forme tubulaire et comporte un tube plongeur par lequel arrive le gaz de sublimation. Le produit étudié occupe les 2/3 environ de la cellule. Le gaz saturé s'évacue par la partie supérieure de cette dernière. La liaison entre la cellule d'équilibre et le piège est assuré par un raccord VCR 1/8'' situé à l'intérieur du four. Le piège est constitué par un tube en inconel 600 en forme de U dont le diamètre extérieur est de 1/8'' ou 1/4'' selon la quantité de produit à piéger. Cet alliage à base de Ni-Cr-Fe a été choisi en fonction de son excellente tenue à la corrosion due aux halogénures métalliques étudiés et peut supporter des températures allant jusqu'à 1100°C.

Lorsque la quantité piégée est jugée suffisante, le gaz de saturation est interrompu par la vanne V4 qui évacue ce dernier à l'atmosphère, permettant ainsi un fonctionnement normal du débitmètre massique. Le four est ensuite refroidi puis le piège est détaché de la cellule de saturation au niveau de la liaison située dans le four.

On procède ensuite à la quantification des produits piégés. Deux méthodes ont été utilisées selon le niveau de pression de saturation :

- Pour des pressions au moins égales à 15 Pa, on effectue une simple pesée du piège au moyen d'une balance analytique au dixième de mg (masses piégées minimales de 30 à 40 mg).

- Pour des pressions inférieures à 15 Pa on réalise une analyse du produit piégé par électrophorèse capillaire.

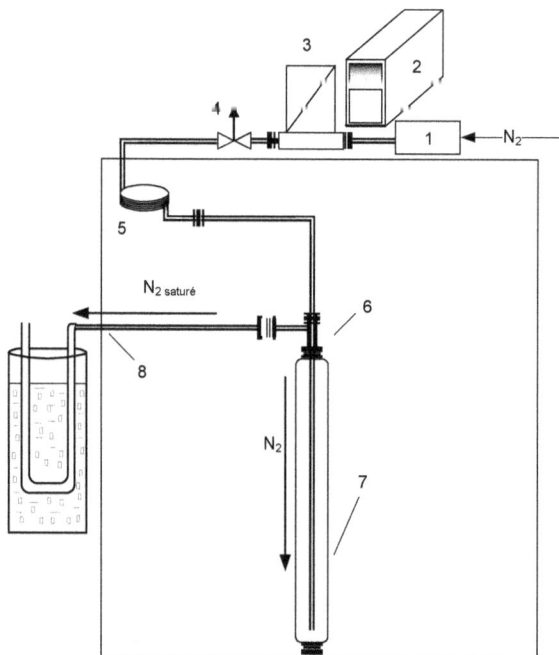

**Figure V. 1: Dispositif Dynamique de saturation par la méthode de transpiration absolue**

1-Filtre à oxygène ; 2- Contrôleur de débit ; 3-Débitmètre massique (étendu de réglage 7,5 mL/min – 5 bar) ; 4-Vanne à trois voies; 5-Serpentin de préchauffage (1/8'') ; 6- Té de séparation ; 7-cellule de saturation ; 8- Piège.

**4. REMPLISSAGE DE LA CELLULE**

Par suite de la très grande affinité pour l'eau et l'oxygène des halogénures métalliques étudiés, le remplissage de la cellule est réalisé dans un environnement inerte exempt de toutes traces d'humidité et d'air. Pour ce faire, une boite à gants remplie d'azote sec a été employée. Le matériel complet (cellule, flacon de composé, etc.,) est introduit dans la boite et une légère pression d'azote constante est maintenue jusqu'à la fermeture de la cellule après remplissage. A noter que les composés sont stockés dans des flacons sous atmosphère d'azote et placés dans des réservoirs contenant du gel de silice.

**5. CALCUL DE LA PRESSION DE VAPEUR OU DE SUBLIMATION**

L'hypothèse d'idéalité de la phase vapeur conduit aux relations simples suivantes, V.1 et V.2 :

$$P_i^o = P_{atm} \times \frac{n_i}{n_i + n_{N_2}} \qquad (V.1)$$

Avec $n_{N_2} = \dfrac{P_0 \times D_{N_2} \times t}{RT_o} \qquad (V.2)$

$P_i^o$ : pression de vapeur du composé i (Pa)

$P_{atm}$ : Pression atmosphérique (Pa)

$n_i$ : nombre de moles du composé i

$D_{N_2}$ : débit du gaz entraîneur du composé i ($m^3.s^{-1}$, CNTP)

$t$ : temps de piégeage (secondes)

Le débitmètre massique délivre en effet un débit de gaz de saturation ramené aux conditions normales de température et de pression ($T_o$, $P_o$).

## 6. RESULTATS OBTENUS LORS DE LA QUANTIFICATION PAR PESEE

### 6.1. Conditions expérimentales d'étude de ZrCl₄

Au cours de cette étude la pression de sublimation de ZrCl₄ a été mesurée dans un domaine de température allant de 413,15 K à 603,15 K, avec un débit de gaz de saturation de 3 à 5 mL/min et des temps de piégeage allant de 30 minutes à 90 heures. La quantification a été faite par pesée avec des masses obtenues allant de 38 mg à 1253 mg.

#### 6.1.1. Etude de la reproductibilité des mesures

La reproductibilité des mesures a été étudiée à 190°C. Cette température présente un compromis entre une pression moyenne et un piégeage relativement rapide. La mesure a été répétée 3 fois. Le coefficient de variation obtenu (CV %) est de 1,5 % (tableau V.2)

Tableau V. 2: Reproductibilité des mesures de la pression de sublimation de ZrCl₄ à 190°C

| masse (g) | Débit N₂ (ml/min) | Temps (minutes) | T(K) | Pression Pa |
|---|---|---|---|---|
| Confidentielle | 5,1 | 1562 | 463,25 | Confidentielle |
| Confidentielle | 5,01 | 1500 | 463,05 | Confidentielle |
| Confidentielle | 5,1 | 1380 | 463,35 | Confidentielle |
| | | | **Moyenne** | Confidentielle |
| | | | **Ecart Type** | **1,9** |
| | | | **CV (%)** | **1,5** |

### 6.2. Résultats expérimentaux

Les pressions de sublimation déterminées entre 160 et 330°C sont indiquées dans le Tableau V.3. Les valeurs obtenues sont comprises entre 23 et 58000 Pa

Tableau V. 3:Pression de sublimation expérimentale de ZrCl₄ entre 160°C et 330°C
($D_{N_2}$=5mL/min)

| T/°C | masse (g) | moles (ZrCl₄) | Piégeage (min) | n N₂ | T(K) | Pression (Pa) |
|------|-----------|---------------|----------------|------|------|---------------|
| 160 | Confidentielle | Confidentielle | 5345 | 0,715 | 433,15 | 23,1 |
| 170 | Confidentielle | Confidentielle | 5750 | 0,769 | 443,15 | 40,6 |
| 180 | Confidentielle | Confidentielle | 2880 | 0,385 | 453,15 | 75,5 |
| 190 | Confidentielle | Confidentielle | 1550 | 0,207 | 463,15 | 155 |
| 210 | Confidentielle | Confidentielle | 180 | 0,024 | 483,15 | 431 |
| 230 | Confidentielle | Confidentielle | 150 | 0,020 | 503,15 | 1325 |
| 250 | Confidentielle | Confidentielle | 180 | 0,024 | 523,15 | 3653 |
| 270 | Confidentielle | Confidentielle | 60 | 0,008 | 543,15 | 7980 |
| 290 | Confidentielle | Confidentielle | 40 | 0,005 | 563,15 | 17694 |
| 310 | Confidentielle | Confidentielle | 30 | 0,004 | 583,15 | 39905 |
| 330 | Confidentielle | Confidentielle | 30 | 0,004 | 603,15 | 58004 |

### 6.2.1.  Lissage par la relation de Clausius-Clapeyron

Le lissage des données expérimentales est réalisé par la relation de Clausius-Clapeyron (Figure V.2)

$$LnP/Pa = B - \frac{A}{T/K} \quad \text{Avec} \quad A = \frac{\Delta H_{sub}}{R.T}$$

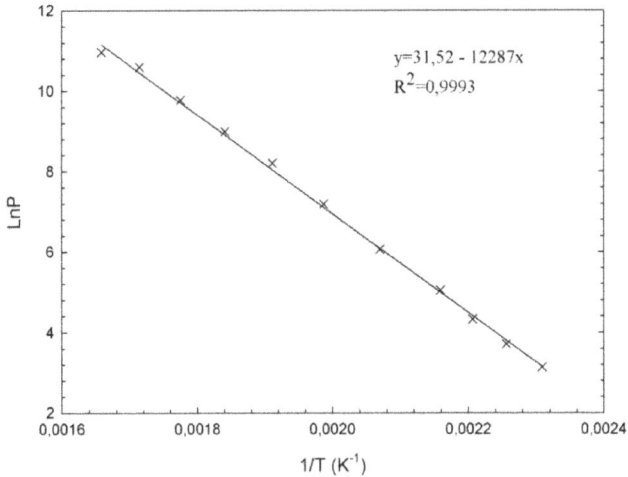

Figure V. 2 : Lissage par la relation de Clausius-Clapeyron de la pression de sublimation de ZrCl₄

Le lissage montre la cohérence des données expérimentales avec un coefficient de corrélation de 0,9993. On en déduit une enthalpie de sublimation de 102 kJ.mol⁻¹.

### 6.2.2. Vérification des données expérimentales

Afin de valider les données issues du dispositif dynamique à saturation, une étude des pressions de sublimation a été faite à l'aide de l'appareil statique du laboratoire (voir chapitre étude bibliographique). La méthode statique étant une méthode directe, elle est considérée comme une méthode de référence et permet de valider d'autres dispositifs expérimentaux. Cependant la limitation en température de l'appareil statique nous a conduit à réaliser cette étude comparative entre 160 et 210°C seulement. Les valeurs expérimentales ainsi que les écarts avec la méthode à saturation sont indiqués dans le tableau V.4.

**Tableau V. 4 : Pression de sublimation de ZrCl₄ obtenue par les méthodes statique et dynamique**

| t °C | T (K) | Dynamique P (Pa) | Statique P (Pa) | ΔP/P (%) |
|------|-------|------------------|-----------------|----------|
| 160 | 433,15 | Confidentielle | Confidentielle | 8,9 |
| 170 | 443,15 | Confidentielle | Confidentielle | -1,0 |
| 180 | 453,15 | Confidentielle | Confidentielle | -3,1 |
| 190 | 463,15 | Confidentielle | Confidentielle | 7,3 |
| 210 | 483,15 | Confidentielle | Confidentielle | -4,8 |
| 230 | 503,15 | Confidentielle | Confidentielle | 1,8 |
| 250 | 523,15 | Confidentielle | Confidentielle | 5,5 |
| 270 | 543,15 | Confidentielle | Confidentielle | -6,7 |
| 290 | 563,15 | Confidentielle | Confidentielle | -11,5 |
| 310 | 583,15 | Confidentielle | Confidentielle | -8,0 |

$$\Delta P / P \ (\%) = 100 \frac{P_{\text{dynamique}} - P_{statique}}{P_{statique}}$$

Les écarts relatifs obtenus variant entre 0,7 et 8 % dans l'intervalle 160-190°C, nous considérons que la méthode dynamique est validée dans le domaine de pression étudié. Pour le domaine compris entre 230 et 310 °C une extrapolation des valeurs expérimentales obtenues avec l'appareil statique a été faite ce qui explique l'écart croissant avec la température.

### 6.2.3. Comparaison avec la littérature

La plupart des études publiées ont été réalisées à haute température. La comparaison avec la littérature montre des écarts relatifs allant de 10 à 80 % selon le domaine de température et la méthode expérimentale. On peut remarquer les faibles écarts (0,3 %) avec les données expérimentales de Kim et al. (Figure V.3) issues d'une méthode statique.

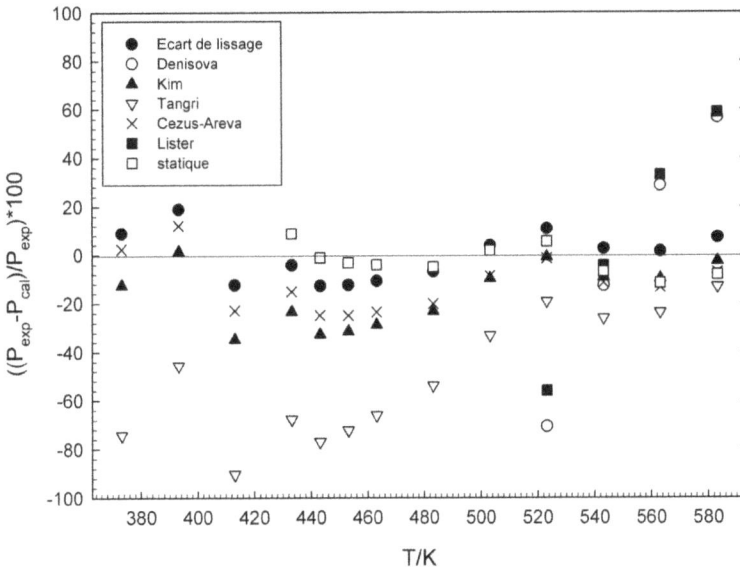

**Figure V. 3: Ecart relatif entre les pressions expérimentales et celles de la littérature pour ZrCl₄**

### 6.3. Pression de sublimation de HfCl₄

La pression de sublimation du tétrachlorure de Hafnium a été étudiée entre 150 et 300°C avec un débit de gaz inerte de 5mL/min. Des masses allant de 60 à 350 mg ont été piégées. Chaque mesure a été reprise deux à trois fois, les coefficients de variations ne dépassent pas 3%.

Les résultats ainsi obtenus sont indiqués dans le tableau V.5.

**Tableau V. 5 : Pression de sublimation de HfCl₄ entre 150 °C et 300 °C**

| T°C | masse (g) | n (HfCl₄) | Débit (ml/min) | piégeage (mn) | n (N₂) | Pression Pa |
|-----|-----------|-----------|----------------|---------------|--------|-------------|
| 150 | Confidentielle | Confidentielle | 5,01 | 5245 | 1,17 | Confidentielle |
| 150 | Confidentielle | Confidentielle | 5,03 | 5640 | 1,265 | Confidentielle |
| 170 | Confidentielle | Confidentielle | 5,01 | 1435 | 0,320 | Confidentielle |
| 170 | Confidentielle | Confidentielle | 5,02 | 1380 | 0,309 | Confidentielle |
| 190 | Confidentielle | Confidentielle | 5,06 | 1470 | 0,331 | Confidentielle |
| 190 | Confidentielle | Confidentielle | 5,00 | 1440 | 0,321 | Confidentielle |
| 220 | Confidentielle | Confidentielle | 5,08 | 180 | 0,040 | Confidentielle |
| 220 | Confidentielle | Confidentielle | 5,01 | 60 | 0,013 | Confidentielle |
| 240 | Confidentielle | Confidentielle | 5,01 | 60 | 0,013 | Confidentielle |
| 240 | Confidentielle | Confidentielle | 5,01 | 60 | 0,013 | Confidentielle |
| 260 | Confidentielle | Confidentielle | 5,01 | 30 | 0,006 | Confidentielle |
| 260 | Confidentielle | Confidentielle | 5,00 | 30 | 0,006 | Confidentielle |
| 280 | Confidentielle | Confidentielle | 5,03 | 15 | 0,003 | Confidentielle |
| 280 | Confidentielle | Confidentielle | 5,00 | 15 | 0,003 | Confidentielle |
| 300 | Confidentielle | Confidentielle | 5,03 | 15 | 0,003 | Confidentielle |
| 300 | Confidentielle | Confidentielle | 5,03 | 15 | 0,003 | Confidentielle |

### 6.3.1. Lissage par la relation de Clausius Clapeyron

Le lissage des pressions de sublimation expérimentales de HfCl₄ entre 150 et 300°C est présenté à la figure V.4.

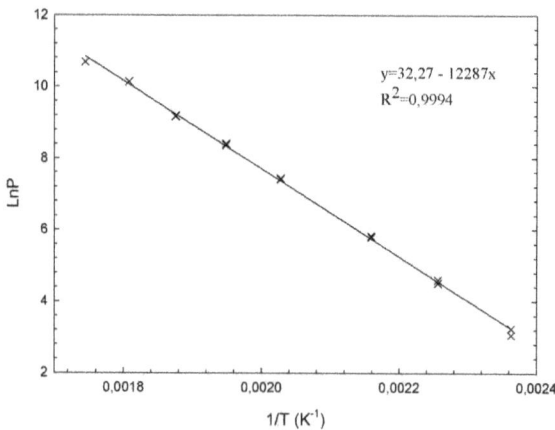

**Figure V. 4 : Lissage par la relation de Clausius-Clapeyron de la pression de sublimation de HfCl₄**

Le lissage donne un coefficient de corrélation de l'ordre de 0,9994 et une enthalpie de sublimation de 102,2 kJ.mol⁻¹, quasiment égale à celle du tétrachlorure de Zirconium.

### 6.3.2. Comparaison avec les données de la littérature

La comparaison avec les données publiées montre des écarts allant de 2 à 80 % selon la technique expérimentale et le domaine de température étudié. De même que pour le tétrachlorure de Zirconium, la plupart des auteurs ont effectué des déterminations à température élevée (Figure V.5)

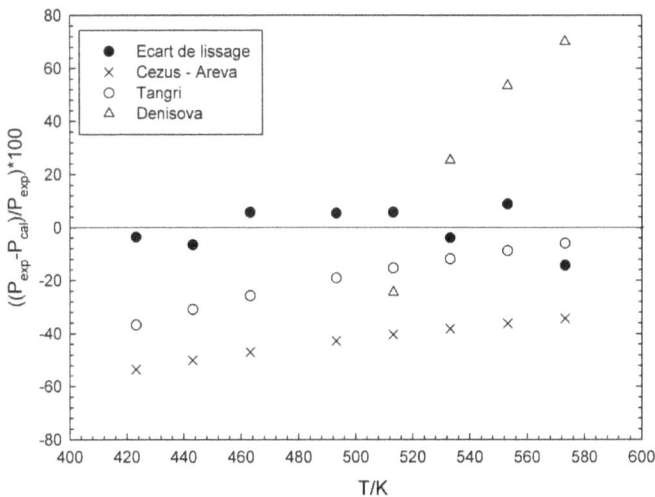

Figure V. 5 : Ecart relatif entre les pressions expérimentales et celle de la littérature pour HfCl₄

## 7. MESURE DES PRESSIONS DE SUBLIMATION AVEC DES PRESSIONS DE GAZ INERTE SUPERIEURES A L'ATMOSPHERE

Les travaux précédemment réalisés ont permis de mesurer les pressions de sublimation de ZrCl₄ et HfCl₄ jusque vers 300-310°C, ce qui correspond au cahier des charges de l'industriel. Les pressions atteintes sont de l'ordre de 0,4 à 0,6 bar, donc voisines de la pression atmosphérique. Pour mesurer des pressions de sublimation supérieures, il est nécessaire d'augmenter la pression en sortie des saturateurs. Afin de vérifier si la méthode de saturation reste valable dans ce mode de fonctionnement, nous avons modifié le dispositif comme indiqué dans la figure V.6. Le débitmètre est placé en aval du piège et permet de maintenir une pression de l'ordre de 4 à 5 bar. Cette dernière est délivrée par un détenteur alimentant le dispositif en Hélium. La pression totale est mesurée par un capteur de pression MKS de haute précision. Afin de protéger le débitmètre massique d'une corrosion éventuelle un deuxième piège à azote liquide est placé en série avec le piège habituel à l'eau glacée. La présence de ce piège supplémentaire nous a conduit à remplacer l'azote par l'Hélium afin d'éviter une condensation du gaz de saturation.

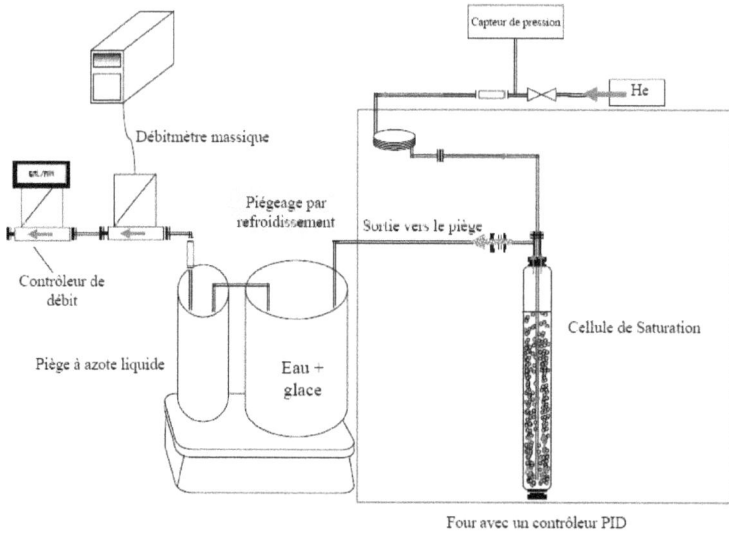

Figure V. 6 : Dispositif de mesure des pressions de sublimation sous pression

### 7.1. Vérification du dispositif de saturation « sous pression »

La validation du dispositif expérimental a été faite par mesure de la pression de sublimation de ZrCl₄ à 210°C avec une pression de gaz entraineur de 4,3 bar. Une série de trois mesures a conduit à un coefficient de variation de 1,4% et une moyenne présentant un écart de 2% par rapport à la valeur obtenue avec le dispositif habituel (Tableau V.6).

Tableau V. 6 : Pression de sublimation de ZrCl₄ à 210°C mesurée sous une pression de gaz inerte de 4,3 bar

| Pt (Pa) | masse (g) | n(ZrCl₄) | D (ml/min) | Temps (min) | n He | T(K) | P (Pa) |
|---|---|---|---|---|---|---|---|
| Confidentielle | Confidentielle | Confidentielle | 21,34 | 190 | 0,180 | 483,15 | Confidentielle |
| Confidentielle | Confidentielle | Confidentielle | 21,41 | 187 | 0,178 | 483,15 | Confidentielle |
| Confidentielle | Confidentielle | Confidentielle | 21,41 | 220 | 0,210 | 483,15 | Confidentielle |
| | | | | | | Moyenne | Confidentielle |
| | | | | | | Ecart type | Confidentielle |
| | | | | | | CV (%) | Confidentielle |

Ces résultats montrent que le dispositif à saturation peut fonctionner à des pressions totales de l'ordre de 4 à 5 bar. Il est ainsi possible d'étendre la méthode de saturation dans le domaine des pressions relativement élevées. Ceci peut présenter un intérêt pour des mesures à des températures supérieures à 300°C. En effet la méthode statique est limitée à cette température suite à l'absence de capteurs de pression supportant des températures plus élevées.

**8. RÉSULTAT OBTENUS LORS DE LA QUANTIFICATION PAR ANALYSE**

Afin de mesurer des pressions de vapeur inférieures à une dizaine de Pascals, il est nécessaire d'utiliser une méthode de quantification plus sensible que la simple pesée. Nous avons choisi l'électrophorèse capillaire qui présente l'avantage d'une grande sensibilité vis-à-vis des espèces ioniques organiques ou inorganiques.

**8.1. Principe de l'électrophorèse capillaire**

L'électrophorèse capillaire (EC) est une technique complémentaire des méthodes chromatographiques qui permet la séparation d'un grand nombre d'espèces ioniques. Fondamentalement, toute séparation électrophorétique résulte de la possibilité de faire migrer les ions à séparer à des vitesses différentes sous l'action d'un champ électrique dans un électrolyte de composition variée. Le phénomène de transport impliqué dans les séparations électrophorétiques est la migration électrophorétique des ions.

De plus, il est également possible de séparer des molécules neutres par électrophorèse capillaire en leur communiquant une charge apparente, soit par complexation avec des ions ou en les incorporant dans des molécules chargées.

La séparation des espèces est réalisée dans un capillaire rempli par un tampon (aqueux, hydro-organique ou organique) de pH et de force ionique fixés. Les espèces chimiques migrent à des vitesses différentes selon leur charge apparente et leur rayon hydrodynamique. La vitesse de migration d'un composé est la somme algébrique de sa vitesse d'électromigration (déplacement « naturel » des ions) et de la vitesse du flux électro-osmotique. Ce flux est dû à l'ionisation des groupements silanols superficiels de la surface interne du capillaire en silice, en l'absence de « modificateur » il est dirigé vers le pôle négatif.

Dans le cas des cations ces deux vitesses ont la même direction. Dans le cas des anions ces deux vitesses sont de sens opposé ce qui est préjudiciable à l'efficacité de la séparation. On utilise alors un « modificateur de flux » qui permet l'inversion du sens du flux électro-osmotique.

Les principaux paramètres d'optimisation de la séparation sont liés à la composition du tampon (pH, force ionique, nature et concentration d'un agent complexant, ajout d'un solvant organique). Cependant, le pH du tampon est le paramètre le plus important puisqu'il détermine l'état d'ionisation des espèces analysées ainsi que l'amplitude du flux électro-osmotique. Enfin, la température et la pression représentent des paramètres secondaires influençant la séparation.

Plusieurs modes d'injections peuvent être utilisés. Dans notre cas l'injection est effectuée en mode hydrodynamique. Ce mode d'injection consiste à créer, pendant une durée de quelques secondes, une différence de pression entre les deux extrémités du capillaire, en créant une surpression au niveau du flacon de l'échantillon qui le propulse alors à l'intérieur du capillaire. Le volume d'échantillon injecté, de l'ordre de quelques dizaines de nano litres, dépend de plusieurs paramètres (différence de pression appliquée, temps d'injection, viscosité de l'échantillon, longueur et diamètre du capillaire).

La détection est effectuée dans la très grande majorité des cas par spectrométrie UV/visible. La détection des composés a lieu à travers le capillaire lui-même, à l'extrémité opposée à celle de l'injection, soit par exemple côté positif lors de l'analyse des anions.

Si l'espèce analysée absorbe en UV, on utilise la détection UV dite « directe ». Dans le cas contraire on utilise la détection « indirecte » dans laquelle c'est l'électrolyte qui absorbe. L'ion est alors détecté et quantifié à partir de la diminution d'absorbance de l'électrolyte.

La figure V.7 donne un aperçu général de principe d'une analyse par électrophorèse capillaire.

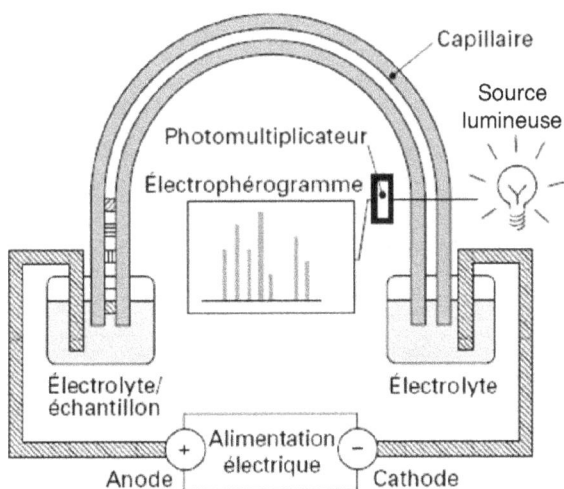

**Figure V. 7 : Principe de l'appareillage utilisé en Electrophorèse capillaire**

### 8.2. Choix des espèces analysées

L'analyse des ions Zr(IV) et Hf(IV) par électrophorèse capillaire est délicate car ces ions n'absorbent pas en UV et leur mobilité électro-phorétique est la même (même charge, même rayon ionique donc même vitesse d'électromigration). Himeno et al., 2007 ont synthétisé un agent complexant de type anionique $K_7[PW_{11}O_{39}]$ détectable en UV pouvant complexer Zr(IV) et Hf(IV). L'originalité de ce travail est l'analyse possible de Zr(IV) et Hf(IV) présents simultanément dans le mélange étudié, alors que Zr(IV) et Hf(IV) libres sont impossibles à séparer.

Cette technique a été testée, cependant la synthèse du complexe est longue et délicate ainsi que la complexation des ions. Nous avons renoncé à cette méthode car dans les travaux que nous allons réaliser sur le Zirconium et le Hafnium ne seront pas présents simultanément.

Dans le cas présent il est beaucoup plus simple et rapide d'analyser les ions « chlorure » plutôt que les espèces métalliques. On en déduit ainsi le nombre de moles de tétra-halogénure entrainé, la pression de vapeur est ensuite calculée à partir des relations V.1 et V.2.

### 8.3. Courbe d'étalonnage des chlorures

Le tableau V.7 donne les conditions analytiques pour le dosage des chlorures par électrophorèse capillaire.

Tableau V. 7 : Conditions opératoires pour l'analyse des chlorures par électrophorèse capillaire

| Capillaire | L=104 cm / Ø$_{int}$= 75um | |
|---|---|---|
| Différence de potentiel | -30 kV | |
| Injection (hydrostatique) | 5 s / 30 mbar | |
| Electrolyte | *Anion de composition :* | |
| | Acide Pyromellitique | 2,25mM |
| | Soude | 6,5 mM |
| | Triéthanolamine | 1,6 mM |
| | Hydroxyde d'hexaméthonium | 0,75 mM |
| Temps d'analyse | 18 minutes | |
| Longueur d'onde de détection (UV inverse) | 256 nm | |

Les analyses étant réalisées par étalonnage externe, nous avons déterminé une courbe d'étalonnage à partir d'une gamme étalon allant de 1 à 60 ppm en Cl⁻ (obtenue par pesée de NaCl) les résultats ont été ajustés par moindres carrés selon la relation V.3 :

$$S = a.C \qquad (V.3)$$

Avec :

S : Aire du pic électrophorétique en unité arbitraire

C : Concentration en Cl⁻ exprimée en ppm

a : pente représentant le facteur de réponse.

Un facteur de réponse de 25,44 est obtenu avec un coefficient de corrélation de 0,9997. (Figure V.8)

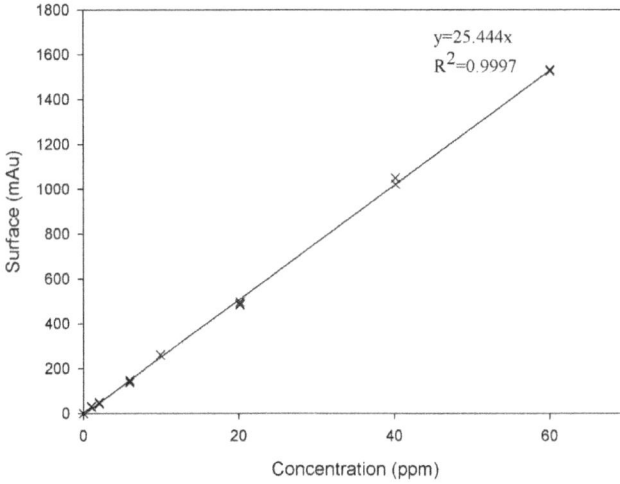

**Figure V. 8: Courbe d'étalonnage externe des chlorures par électrophorèse capillaire**

## 8.4. Pressions de sublimation obtenues avec analyse par électrophorèse capillaire des produits piégés

L'étude des pressions de sublimation de ZrCl₄ et HfCl₄ a été poursuivie à basse température dans un domaine allant de 40 à 140°C.

L'élution de l'analyte retenu par le piège a été faite avec 15 mL d'une solution d'acide phosphorique (15 mM). La solution est ensuite analysée par électrophorèse capillaire directement ou après dilution.

### 8.4.1. Pression de vapeur de ZrCl₄

Les valeurs expérimentales des pressions de sublimation de ZrCl₄ entre 40 et 140°C sont indiquées dans le tableau V.8.

**Tableau V. 8 : Pressions de sublimation de ZrCl₄ à basse température**

| Pt (Pa) | T° C | n (ZrCl₄) | D(N₂) (mL/min) | t (minutes) | n (N₂) | Pression Pa |
|---|---|---|---|---|---|---|
| Confidentielle | 140 | Confidentielle | 5,1 | 2664 | 0,61 | Confidentielle |
| Confidentielle | 120 | Confidentielle | 5,2 | 2854 | 0,66 | Confidentielle |
| Confidentielle | 100 | Confidentielle | 5,1 | 5640 | 1,29 | Confidentielle |
| Confidentielle | 80 | Confidentielle | 5,1 | 2650 | 0,60 | Confidentielle |
| Confidentielle | 60 | Confidentielle | 5 | 4256 | 0,95 | Confidentielle |
| Confidentielle | 40 | Confidentielle | 5,1 | 5760 | 1,31 | Confidentielle |

Les résultats expérimentaux ainsi obtenus ont été portés sur un diagramme de Clapeyron incluant les résultats obtenus aux températures plus élevées (figure V.9). On observe un changement de pente vers 90°C.

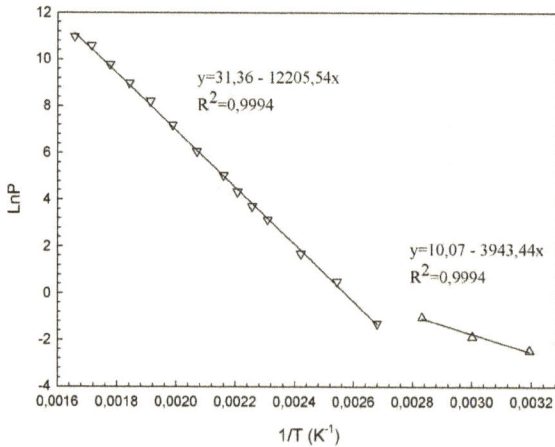

$$y = 31,36 - 12205,54x$$
$$R^2 = 0,9994$$

$$y = 10,07 - 3943,44x$$
$$R^2 = 0,9994$$

**Figure V. 9 : Ajustement par la relation de Clausius-Clapeyron des pressions de sublimation de ZrCl₄**

### 8.4.2.  Pressions de sublimation de HfCl₄

Les pressions de sublimation de HfCl₄ entre 50 et 130°C sont indiquées dans le tableau V.9.

**Tableau V. 9: Pression de sublimation de HfCl₄ à basse température**

| Pt (Pa) | T°C | n (HfCl₄) | D(N₂) (ml/min) | t (minutes) | n (N₂) | Pression Pa |
|---------|-----|-----------|----------------|-------------|--------|-------------|
| 100525 | 130 | 0,00000731 | 5,1 | 300 | 0,068 | Confidentielle |
| 100525 | 110 | 0,00000410 | 5,1 | 1140 | 0,26 | Confidentielle |
| 100525 | 90 | 0,00000162 | 5,1 | 1745 | 0,39 | Confidentielle |
| 100525 | 70 | 0,00000161 | 5,1 | 2930 | 0,66 | Confidentielle |
| 100525 | 50 | 0,00000132 | 5,1 | 4393 | 0,99 | Confidentielle |

Comme dans le cas de ZrCl₄, en portant les résultats obtenus sur un diagramme de Clapeyron incluant les données relatives aux températures plus élevées, on observe une brisure vers 90°C (figure V.10).

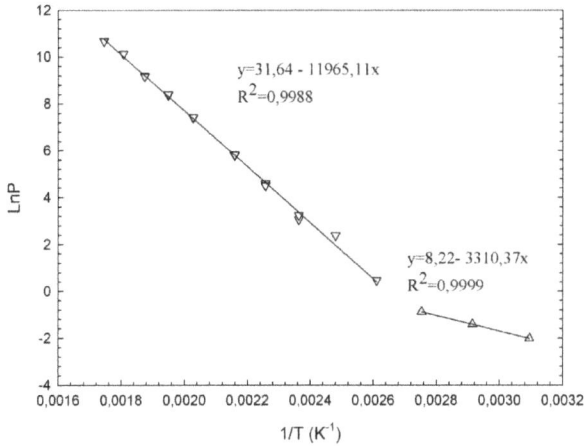

$y = 31,64 - 11965,11x$
$R^2 = 0,9988$

$y = 8,22 - 3310,37x$
$R^2 = 0,9999$

**Figure V. 10 : Ajustement par la relation de Clausius-Clapeyron des pressions de sublimation de HfCl₄**

**8.5. Comparaison des pressions de sublimation de ZrCl₄ et de HfCl₄, étude micro-calorimétrique**

La comparaison des pressions de sublimation des tétrachlorures de Zirconium et de Hafnium montre un comportement similaire (figure V.12). Leurs représentions par le diagramme de Clapeyron entre 120 et 310°C conduit à deux droites parallèles, HfCl₄ étant le composé le plus volatil. Dans ce domaine, les deux composés ont une enthalpie de sublimation de l'ordre de 120 kJ.mol⁻¹.

Entre 40 et 90°C, les points représentant les pressions de sublimation de ZrCl₄ et de HfCl₄ sont situés sur une même droite dans le diagramme de Clapeyron. On en déduit une enthalpie de sublimation de 30 kJ.mol⁻¹ dans ce domaine, quatre fois plus faible que celle calculée aux températures plus élevées. Nous avons attribué le changement de pente à une transition de phase se produisant pour les deux composés au voisinage de 90°C.

Afin de confirmer cette transition de phase, une étude micro-calorimétrique par DSC a été effectuée par le professeur Michel DIRAND du laboratoire de thermodynamique des milieux polyphasés (ENSIC de Nancy).

Pour chacun des deux composés, des essais sur 3 échantillons préalablement sertis dans des micro-ampoules de pyrex ont été réalisés par températures croissantes et décroissantes au voisinage de 90°C. La figure V.11 donne un exemple d'enregistrement micro-DSC dans le cas de HfCl₄.

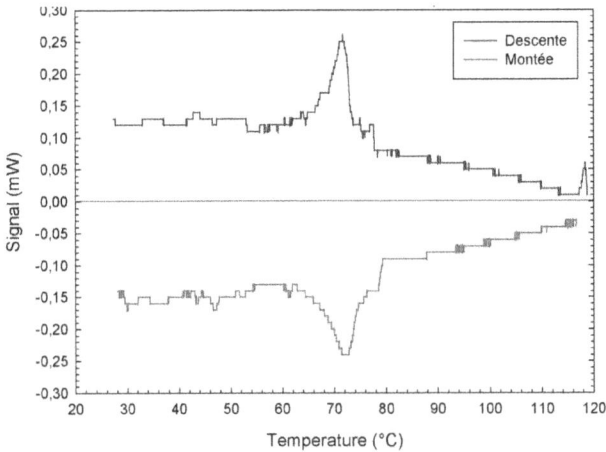

**Figure V. 11 : Analyse thermique par DSC de HfCl₄**

Aucun effet thermique significatif n'a pu être mis en évidence excepté la présence d'un pic « parasite » à 70°C. Dans un premier temps nous avons attribué ce pic à la transition cherchée. En fait après avoir observé que sa surface était indépendante de la masse de l'échantillon analysée (variant dans un rapport de 1 à 3), ce pic a été finalement identifié comme résultant d'une transition de phase d'une paraffine lourde précédemment étudiée avec l'appareil et qui avait pollué la nacelle réceptrice de l'échantillon. Les masses des produits mises en jeu (10 à 30 mg) et l'extrême sensibilité de l'appareil auraient dû largement permettre la détection de la transition dont l'enthalpie estimée est de l'ordre de 90 kJ.mol$^{-1}$.

Suite à ce résultat, deux interprétations sont possibles :

- Soit il n'y a pas de changement de phase des tétrahalogénures vers 90°C et le changement de pente observé sur le diagramme de Clapeyron est dû à une dégradation des performances analytiques dans le domaine des faibles pressions de sublimation.

- Soit les échantillons ont subi une transformation chimique (oxydation) au moment de leur préparation pour l'étude Calorimétrique (DSC). En effet le DSC utilisé tolère uniquement des échantillons de taille très réduites. Il est donc nécessaire d'encapsuler à l'abri de l'air quelques dizaine de milligrammes d'échantillon dans un tube en pyrex de très petite dimension. La soudure au chalumeau de ses extrémités était particulièrement délicate, il se peut que cette opération conduise à une entrée d'air.

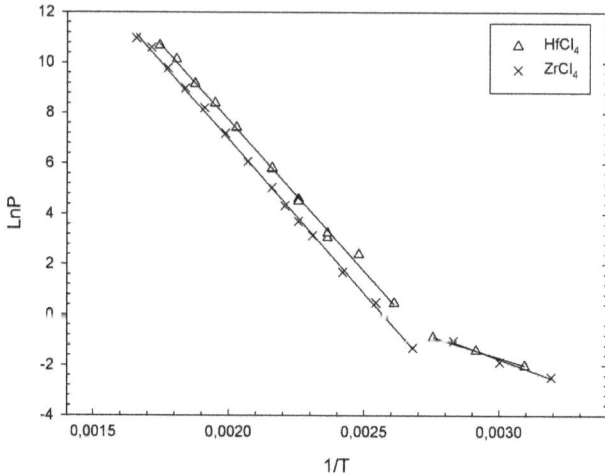

Figure V. 12: Comparaison des pressions de sublimation de ZrCl₄ et HfCl₄

## 9. Determination de la pression de vapeur de Melanges AlCl₃/KCl

Le solvant utilisé pour la distillation extractive des tétrahalogénures de zirconium et de hafnium étant constitué d'un mélange salin AlCl₃/KCl, l'étude des équilibres « liquide-vapeur » de ce système binaire est nécessaire.

La figure V.13 représente le digramme de phase « solide-liquide » de ce binaire. On peut en particulier observer la formation de la combinaison définie KAlCl₄ à fusion congruente (C) et d'un eutectique dont le rapport en mole Al/K est de 0,96 (E).

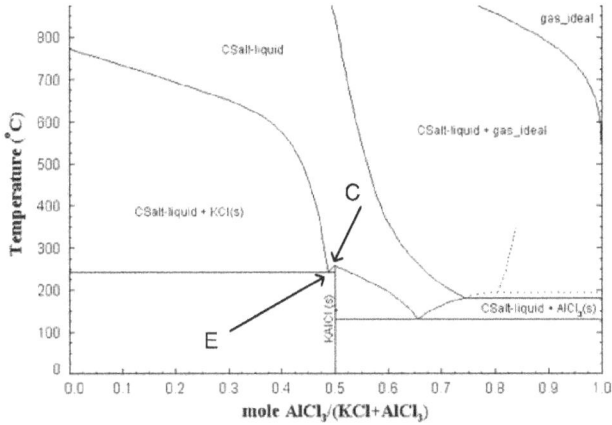

**Figure V. 13 : Diagramme de phase du mélange AlCl₃/KCl**
**C : combinaison à fusion congruente ; E : eutectique**

Des modélisations thermodynamiques disponibles à la société CEZUS ont montré que la combinaison définie KAlCl₄ a une pression de vapeur extrêmement faible aux températures du procédé (entre 300 et 380 °C) alors que les mélanges AlCl₃/KCl dont le rapport en mole Al/K est supérieur à 1 présentent des pressions de vapeur beaucoup plus élevées. C'est ce dernier type de mélange qui constitue le solvant de la distillation extractive.

Le but de la présente étude est de vérifier les résultats de cette modélisation en mesurant les pressions de vapeur vers 300-380°C des systèmes suivants :

- Mélange AlCl₃/KCl ayant un rapport Al/K égal à 1

- Mélange AlCl₃/KCl ayant un rapport Al/K égal à 1,13

### 9.1. Pression de vapeur du mélange AlCl₃/KCl à rapport molaire Al/K égal à 1

Deux modifications ont été apportées au dispositif précédemment utilisé pour l'étude des pressions de sublimation de ZrCl₄ et HfCl₄ (figure V.14) :

- Ajout d'un dispositif d'agitation constitué par un aimant à enrobage de verre entrainé par un aimant extérieur à la cellule. Il est ainsi possible de rendre le mélange homogène et de favoriser la formation de la combinaison définie KAlCl$_4$.

- Arrivée du gaz de saturation à la partie inférieure de la cellule par une canalisation extérieure. Cette modification permet un remplissage commode de la cellule de saturation.

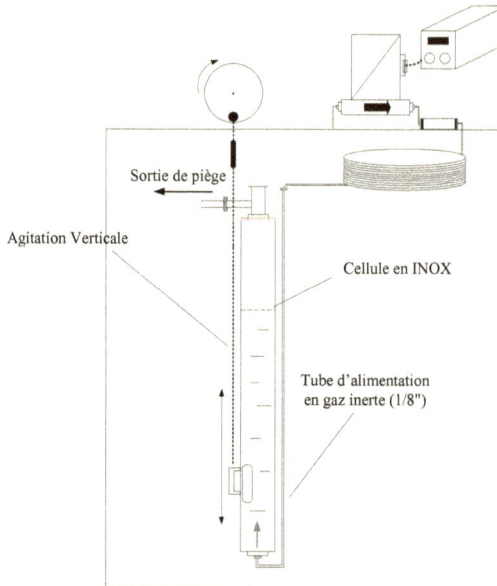

**Figure V. 14 : Dispositif de mesure de la pression de vapeur du mélange AlCl$_3$/KCl (Al/K=1)**

Ce dispositif nous a permis de réaliser une série limitée de mesures à cause de la corrosion de la cellule en acier inoxydable par les sels fondus à haute température. Cette corrosion a entrainé un bouchage du tube d'arrivée du gaz de saturation.

Pour les trois essais que nous avons pu réaliser sans bouchage des canalisations, l'étude du mélange stœchiométrique AlCl$_3$/KCl (Al/K=1) a conduit à une pression de vapeur quasiment nulle à 320°C (inférieure à environ 10 Pa). Cette détermination a été réalisée pour différents temps de piégeage, allant de 2h à 12 h. La quantification a été effectuée par pesée, les masses piégées, inférieures au mg (~ 0,2 mg), ne permettent pas le calcul de la pression de vapeur.

### 9.2. Pressions de vapeur du mélange AlCl₃/KCl à rapport molaire Al/K égal à 1,13

#### 9.2.1. Essai réalisé avec une nouvelle cellule en Inconel 600

Suite aux problèmes de corrosion et de bouchage survenus avec la cellule en acier inoxydable, nous avons réalisé une nouvelle cellule en inconel 600 (figure V.15) mieux adaptée à l'étude de ces composés corrosifs.

La cellule comporte deux tubulures. L'une de diamètre réduit ($\Phi_{ext}$=8mm) permet l'arrivée du gaz de saturation, l'autre de plus grand diamètre ($\Phi_{ext}$=12 mm) permet le chargement de la cellule en produit à l'état solide, finement broyé et intimement mélangé en atmosphère d'azote sec. L'évacuation de la vapeur saturée s'effectue également par cette dernière tubulure.

Le volume de la cellule a été augmenté (98cm³), ce qui permet d'introduire une masse relativement importante d'échantillon (environ 20 g) minimisant ainsi les risques d'évolution de la composition du mélange suite à la vaporisation.

Les connecteurs à double bague « Swagelok » initialement utilisés dans le premier montage on été remplacés par des raccords VCR supportant sans grippage des températures élevées.

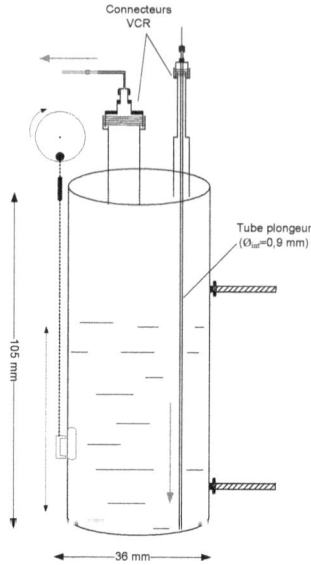

**Figure V. 15: Cellule en inconel 600 pour l'étude des mélanges salins**

Plusieurs essais, réalisés à 320°C sur les mélanges Al/K=1,13, on conduit à une rapide interruption du débit de gaz de saturation. Il s'est avéré que cette interruption était due à un bouchage du tube plongeur en inconel à sa partie inferieure. Un dépôt blanc de KCl apparaissait en effet systématiquement dans cette partie sur une hauteur de 5 mm environ, après une dizaine de minutes de débit de gaz de saturation. Ce dépôt résulte de la vaporisation locale de $AlCl_3$, conduisant ainsi à sa disparition puis à une augmentation considérable de la température de fusion.

L'aménagement de plusieurs orifices latéraux à la partie inférieure du tube plongeur et même son remplacement par un tube de plus grande section ($\Phi_{int}$=4,2mm) n'a pas résolu le problème.

Dans certaines publications (Tangri et Bose, 1994 ; Tangri et al., 1995), les mesures sont effectuées par simple passage du gaz inerte à la surface du liquide, sans barbotage. Bien qu'ayant des doutes sur la validité de la méthode nous avons essayé cette procédure en faisant déboucher le tube par lequel arrive le gaz de saturation 5 mm environ au dessus de la phase liquide (figure V.16).

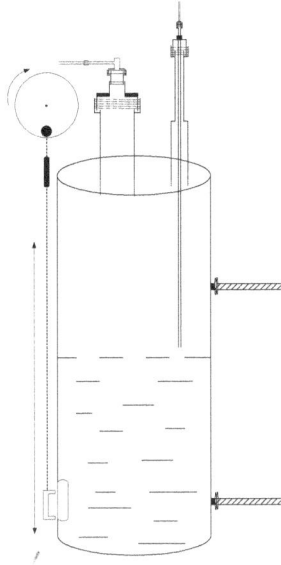

**Figure V. 16 : Cellule d'étude du mélange AlCl₃-KCl (Al/K=1,13) sans barbotage du gaz de saturation**

Ainsi une série de mesures a été faite dans une gamme de température allant de 320 à 380°C avec un débit de gaz de saturation compris entre 3 et 5 mL/min. Les résultats obtenus sont résumés dans le tableau V.10.

**Tableau V. 10 : Pressions de vapeur du mélange AlCl₃-KCl (Al/K=1,13) sans barbotage du gaz de saturation**

| T°C | masse (g) | D (N₂) (ml/min) | t (minutes) | $P_{exp}$ (Pa) | CV (%) | $P_{modèle}$ (Pa) | ΔP/P(%) |
|-----|-----------|------------------|-------------|-----------------|--------|--------------------|---------|
| 380 | Confidentielle | 5,5 | 118 | Confidentielle | 3,7 | Confidentielle | 268 |
| 380 | Confidentielle | 5,5 | 93 | Confidentielle | | | |
| 360 | Confidentielle | 5,6 | 120 | Confidentielle | 2,0 | Confidentielle | 292 |
| 360 | Confidentielle | 3,1 | 193 | Confidentielle | | | |
| 320 | Confidentielle | 5,5 | 180 | Confidentielle | 7,4 | Confidentielle | 444 |
| 320 | Confidentielle | 5,3 | 1455 | Confidentielle | | | |

$$\Delta P / P\ (\%) = 100 \frac{P_{modèle} - P_{exp}}{P_{exp}}$$

Bien que les résultats expérimentaux soient reproductibles (CV moyen de 4 %), on observe un écart de l'ordre de 300 à 400 % avec les valeurs prédites par la modélisation

128

thermodynamique, nos résultats expérimentaux étant inférieurs à ceux issus de la modélisation.

Cet écart peut avoir deux origines différentes :

- Saturation insuffisante de la phase gazeuse

- Biais du modèle thermodynamique

Afin de contrôler laquelle de ces hypothèses est correcte, nous avons étudié la pression de sublimation du chlorure d'aluminium avec le même dispositif et dans des conditions expérimentales voisines (à l'exception de la température).

Le chlorure d'aluminium présente un équilibre entre sa forme monomère et dimère :

$$Al_2Cl_6 \Leftrightarrow 2(AlCl_3)$$

Aux températures relativement basses (100-150°C) l'équilibre est fortement déplacé vers la forme dimère. En conséquence le chlorure d'aluminium a été étudié à 120°C en utilisant la masse molaire du dimère pour le calcul de la pression de sublimation.

Les résultats ainsi obtenus sont indiqués dans le tableau V.11. Bien que les mesures ne soient pas d'une très grande répétabilité (CV = 10,5 %) la pression moyenne présente un écart de 60% par rapport aux données publiée (Viola et Seegmiller, 1977) confirmant ainsi que la cellule en inconel 600 fonctionnant sans barbotage du gaz de saturation ne permet pas d'atteindre l'équilibre de saturation.

**Tableau V. 11 : Pression de sublimation de AlCl₃ à 120°C (dispositif à saturation sans barbotage de gaz inerte)**

| T° C | masse (g) | $n(Al_2Cl_6)$ | $D\ N_2$ (ml/min) | t (minutes) | $n\ N_2$ gaz | Pression (Pa) |
|---|---|---|---|---|---|---|
| 120 | Confidentielle | 0,00135 | 5,11 | 922 | 0,21 | Confidentielle |
| 120 | Confidentielle | 0,00061 | 5,01 | 465 | 0,10 | Confidentielle |
| 120 | Confidentielle | 0,00084 | 2,91 | 1245 | 0,16 | Confidentielle |
| | | | | | Moyenne | *582* |
| | | | | | Ecart-Type | *61* |
| | | | | | CV % | *10,5* |

### 9.2.2. Essai réalisé avec une cellule en verre

La cellule en inconel 600 précédemment utilisée sans barbotage du gaz de saturation ne permet pas d'atteindre l'équilibre de saturation par suite :

- D'une surface d'échange gaz-liquide trop réduite

- D'une agitation de la phase liquide trop peu efficace

Afin de vérifier si l'augmentation de la surface d'échange et de l'efficacité de l'agitation permettent d'atteindre l'équilibre de saturation nous avons réalisé la cellule en verre représentée dans la figure V.17.

Son volume est sensiblement le même que celui de la cellule en inconel mais sa section est plus importante.

L'entrée et la sortie du gaz de saturation sont éloignées le plus possible. Un aimant enrobé de verre placé à l'intérieur permet une agitation énergique par brassage simultané de la phase liquide et vapeur.

Des rodages sphériques sont utilisés pour unir les différents éléments du montage. Le piège est également en verre. L'avantage de ce dispositif est sa disponibilité très rapide et une observation facile de son fonctionnement.

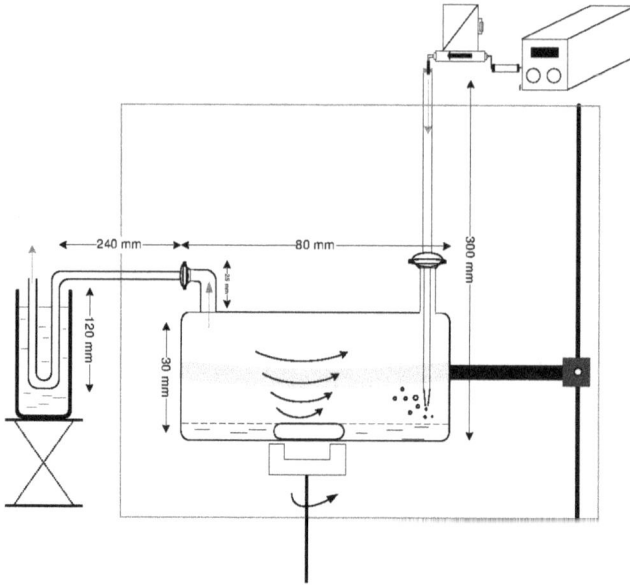

**Figure V. 17: Cellule en verre pour l'étude de la pression de vapeur des mélanges**

Afin de valider ce nouveau dispositif nous avons déterminé la pression de vapeur de l'héxadecane à 150°C. La quantification a été faite par simple pesée du produit piégé.

La vitesse de rotation de l'aimant était de 600 tours/min pour les deux premiers essais et de 300 tours/min pour le dernier.

Les résultats ainsi obtenus sont indiqués dans le tableau V.12.

**Tableau V. 12 : Pression de vapeur du $C_{16}H_{34}$ à 150°C (cellule en verre)**

| masse (g) | n ($C_{16}H_{34}$) | D $N_2$ (ml/min) | t (minutes) | n $N_2$ | T(K) | Pression Pa |
|---|---|---|---|---|---|---|
| Confidentielle | Confidentielle | 5,1 | 120 | 0,027 | 423,15 | Confidentielle |
| Confidentielle | Confidentielle | 5,1 | 120 | 0,027 | 423,15 | Confidentielle |
| Confidentielle | Confidentielle | 5,1 | 128 | 0,029 | 423,15 | Confidentielle |
| | | | | | **Moyenne** | Confidentielle |
| | | | | | **Ecart type** | **19** |
| | | | | | **CV %** | **1,3** |

Les résultats sont très reproductibles (CV=1,3 %) et présentent un écart de 4% ($P_{\text{littérature}}$ = 1455 Pa) par rapport à la littérature (Morgan et Kobayashi, 1994) validant ainsi ce dispositif en verre.

Après validation, nous avons vérifié si le dispositif pourrait fonctionner à des températures plus élevées. Bien que la cellule en verre puisse supporter des températures de 380-400°C au moins, les mesures n'ont pas abouti à cause de la vaporisation de la graisse apiézon assurant l'étanchéité de la cellule au niveau des rodages sphériques. Cette vaporisation entrainait des fuites du gaz de saturation et des condensations de graisse au niveau du piège rendant impossible la quantification par simple pesée.

Afin de résoudre ces problèmes nous avons fait réaliser une cellule en inconel 600 (figure V.18) de géométrie sensiblement égale à celle en verre. Cependant des délais de livraison très longs ne nous ont pas permis de poursuivre les travaux dans le cadre de la thèse.

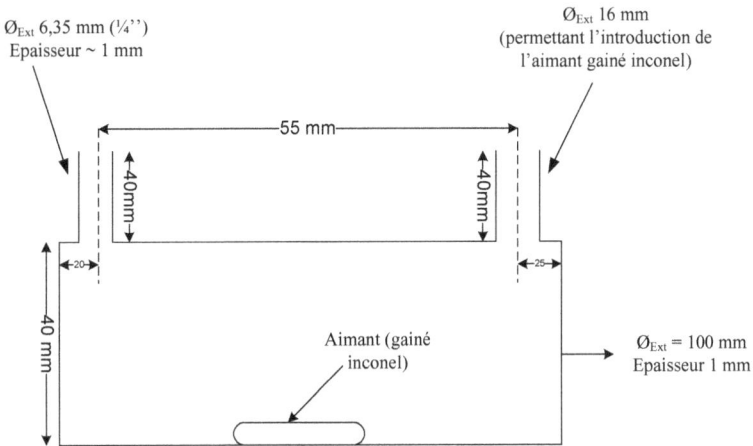

**Figure V. 18 : Cellule en inconel 600 pour l'étude des mélanges sans barbotage**

# CONCLUSIONS ET PERSPECTIVES

Les travaux de recherche présentés dans le présent mémoire on été réalisés dans le cadre d'une thèse en codirection avec l'Université Saint Esprit de Kaslik, USEK-Liban.

Une partie d'entre eux a fait l'objet d'un contrat de recherche avec la société CEZUS-AREVA.

La thématique générale a été le développement de la méthode de saturation de gaz inerte en vu de la détermination de la pression de vapeur et de sublimation de composés organiques et inorganiques.

A l'occasion de l'étude de ces composés organiques nous avons considérablement amélioré les performances d'un dispositif à saturation dit « relatif » existant au laboratoire. Ce dispositif permet en effet de déterminer la pression de vapeur ou de sublimation d'un composé inconnu à partir de celle d'un composé étalon. Les principales améliorations ont porté sur une nouvelle conception de la liaison entre les saturateurs et le dispositif de piégeage et d'analyse et sur la méthodologie de la mesure (utilisation des gaz saturés comme gaz vecteur lors de l'analyse CPG).

L'appareil ainsi mis au point fonctionne d'une manière totalement automatique. Il en résulte un gain de temps considérable sur la durée des déterminations et une excellente reproductibilité et fiabilité des mesures dans un domaine de pression particulièrement faible (jusqu'à $10^{-6}$ Pa). La seule limitation de ce dispositif est que les produits étudiés doivent être analysables par CPG.

Après validation, l'appareil a été utilisé pour la détermination des pressions de vapeur ou de sublimation de 4 alcanes normaux et 8 polyaromatiques. Une grande partie des résultats obtenus est originale.

Ces derniers nous ont permis, en collaboration avec le professeur E. Rauzy de l'université de Méditerranée Luminy, de développer la méthode dite « CONIGLIO-RAUZY » permettant le calcul prédictif des pressions de vapeur. Cette méthode est basée sur une équation de type Peng-Robinson dont les paramètres sont déterminés par contribution de groupe. Concrètement notre apport a porté sur l'amélioration des paramètres spécifiques

133

aux HAP. Les résultats obtenus confirment la validité de la méthode de contribution de groupes pour représenter et surtout prédire les pressions de vapeur des HAP.

D'une manière plus générale nos résultats ont permis d'enrichir la base de données des pressions de vapeur et de sublimation des HAP.

La méthode à saturation relative n'étant applicable qu'aux composés analysables par CPG, nous avons développé la méthode à saturation « absolue » (sans produit étalon) afin d'étudier des composés inorganiques. Cette méthode, très classique, consiste à quantifier le produit piégé par pesée ou par analyse. L'originalité de notre approche est l'étude des composés inorganiques très corrosifs ($ZrCl_4$, $HfCl_4$, mélange $AlCl_3/KCl$) dans un domaine de température particulièrement large entre 40 et 330°C.

Cette étude, a été réalisée sous contrat avec la société CEZUS-AREVA.

Les résultats acquis entre 330 et 100°C pour les deux halogénures sont très fiables, par contre aux températures plus faibles, ils seraient à confirmer car nous n'avons pas pu expliquer le changement de pente à 90°C observé dans la représentation de Clapeyron relatif aux pressions de sublimation.

L'appareil a été également utilisé avec succès pour vérifier que le mélange stœchiométrique $AlCl_3/KCl$ avait une pression de vapeur très faible (inférieure à 10 Pa à 320°C), confirmant ainsi un des points de la modélisation thermodynamique disponible à la société CEZUS.

Cependant l'appareil à saturation « absolu » ne nous a pas permis d'étudier les pressions de vapeur des mélanges $AlCl_3/KCl$ dont le rapport Al/K est de 1,13. Ces mélanges sont en utilisés en tant que solvant dans la distillation extractive de $ZrCl_4$ et de $HfCl_4$ (Procédé « CEZUS »).

En revanche, nous avons ouvert des pistes pour étendre la méthode à saturation « absolue » à l'étude de tels mélanges : la cellule d'équilibre doit être réalisée en inconel 600, et fonctionner « sans barbotage » du gaz de saturation. Ceci implique, pour atteindre l'équilibre de saturation :

- Une grande surface de contact gaz-liquide

- Une agitation efficace des phases liquide et vapeur

## Perspectives :

- L'appareil à saturation dit « relatif » fonctionne actuellement « en routine » pour l'étude des corps purs analysables par CPG. Il serait très intéressant d'étendre son utilisation pour l'étude de mélanges, tout particulièrement dans le domaine des pressions comprises entre 1 Pa et quelques dizaines de Pa car de nombreux besoins industriels se trouvent dans ce domaine.

- La cellule en inconel 600 réalisée en fin de travaux de thèse est disponible pour l'étude de mélange $AlCl_3/KCl$ de compositions variées. Il serait utile de poursuivre les travaux ce qui permettrait de vérifier dans sa totalité les pressions issues de la modélisation thermodynamique de tels mélanges.

# Annexe I

# Propriétés physico-chimiques des hydrocarbures aromatiques polycycliques

## 1. PROPRIETES DES HAPs

| | |
|---|---|
| | Formule : $C_{14}H_{10}$ |
| | Nom systématique : Phénanthrène |
| | CAS : 85-01-8 |
| | Masse Molaire : 178,23 g.mol$^{-1}$ |
| | Température de fusion : 99,24 °C |
| | Température d'ébullition : 340 °C |

| | |
|---|---|
| | Formule : $C_{18}H_{12}$ |
| | Nom systématique : Naphthacène |
| | CAS : 92-24-0 |
| | Masse Molaire : 228,288 g.mol$^{-1}$ |
| | Température de fusion : 357 °C |
| | Température d'ébullition : 450°C |

| | |
|---|---|
| | Formule : $C_{18}H_{12}$ |
| | Nom systématique : 1,2 Benzanthracène |
| | CAS : 56-53-3 |
| | Masse Molaire : 228,288 g.mol$^{-1}$ |
| | Température de fusion : 160,5°C |
| | Température d'ébullition : 438°C |

| | |
|---|---|
| | Formule : $C_{18}H_{12}$ |
| | Nom systématique : Chrysène |
| | CAS : 218-01-9 |
| | Masse Molaire : 228,288 g.mol$^{-1}$ |
| | Température de fusion : 255,5 °C |
| | Température d'ébullition : 448 °C |

| | |
|---|---|
| | Formule : $C_{16}H_{10}$ |
| | Nom systématique : Fluoranthène |
| | CAS : 206-44-0 |
| | Masse Molaire : 202,250 g.mol$^{-1}$ |
| | Température de fusion : 110,19 °C |
| | Température d'ébullition : 384°C |

| | |
|---|---|
| | Formule : $C_{20}H_{12}$ |
| | Nom systématique : Benzo(k)fluoranthène |
| | CAS : 207-08-9 |
| | Masse Molaire : 252,309 g.mol$^{-1}$ |
| | Température de fusion : 217 °C |
| | Température d'ébullition : 480 °C |

| | |
|---|---|
| | Formule : $C_{22}H_{14}$ |
| | Nom systématique : Dibenz[a,c]anthracène |
| | CAS : 215-58-7 |
| | Masse Molaire : 278,346 g.mol$^{-1}$ |
| | Température de fusion : 205 °C |
| | Température d'ébullition : 518 °C |

| | |
|---|---|
| | Formule : $C_{22}H_{14}$ |
| | Nom systématique : Dibenz[a,h]anthracène |
| | CAS : 53-70-3 |
| | Masse Molaire : 278,346 g.mol$^{-1}$ |
| | Température de fusion : 269,5 °C |
| | Température d'ébullition : 524 °C |

| | |
|---|---|
| | Formule : $C_{24}H_{12}$ |
| | Nom systématique : Coronène |
| | CAS : 191-07-1 |
| | Masse Molaire : 300,352 g.mol$^{-1}$ |
| | Température de fusion : 437,4 °C |
| | Température d'ébullition : 525 °C |

## 2. PROPRIETES DES ALCANES LINEAIRES

| Formule | Nom | CAS | Masse Molaire | Température de fusion |
|---------|-----|-----|---------------|----------------------|
| $C_{30}H_{62}$ | Tricontane | 638-68-6 | 422,81 | 64-67 °C |
| $C_{36}H_{74}$ | Hexatricontane | 630-06-8 | 506,97 | 75-76 °C |
| $C_{46}H_{94}$ | Hexatetracontane | 7098-24-0 | 647,24 | 86-89°C |
| $C_{60}H_{122}$ | Hexacontane | 7667-80-3 | 843,1 | 96-100°C |

# Annexe II

# Ajustement du paramètre $m$ de l'équation de « CONIGLIO-RAUZY »

# 1. NAPHTALENE

Teb/K = 491.10 b/cm3 = 67.82 ml = 10.48155 m2 =-0.04948 mm = 0.57356

naphtalene, Camin,1955

| Texp/K | Pexp/bar | Pcal/bar | Ecart % |
|--------|----------|----------|---------|
| 428.916 | 0.1943247 | 0.1940202 | 0.1567 |
| 434.254 | 0.2287428 | 0.2285795 | 0.0714 |
| 441.690 | 0.2854486 | 0.2849855 | 0.1623 |
| 448.676 | 0.3481263 | 0.3478599 | 0.0765 |
| 456.486 | 0.4315188 | 0.4310308 | 0.1131 |
| 464.852 | 0.5376522 | 0.5372414 | 0.0764 |
| 473.621 | 0.6706056 | 0.6701866 | 0.0625 |
| 489.689 | 0.9810880 | 0.9812436 | -0.0159 |
| 490.387 | 0.9971240 | 0.9969749 | 0.0149 |
| 490.998 | 1.0109472 | 1.0109089 | 0.0038 |
| 491.788 | 1.0290760 | 1.0291530 | -0.0075 |
| | | Ecart moy. % = | 0.0692 |

naphtalene, Fowler,1968

| Texp/K | Pexp/bar | Pcal/bar | Ecart % |
|--------|----------|----------|---------|
| 353.480 | 0.0100108 | 0.0100509 | -0.4001 |
| 356.030 | 0.0113971 | 0.0113842 | 0.1136 |
| 356.500 | 0.0117304 | 0.0116459 | 0.7201 |
| 358.840 | 0.0129434 | 0.0130276 | -0.6507 |
| 362.000 | 0.0150629 | 0.0151162 | -0.3537 |
| 365.890 | 0.0178355 | 0.0180774 | -1.3563 |
| 366.430 | 0.0184621 | 0.0185253 | -0.3427 |
| 367.490 | 0.0195551 | 0.0194325 | 0.6268 |
| 371.810 | 0.0235541 | 0.0235341 | 0.0849 |
| 376.080 | 0.0283263 | 0.0282936 | 0.1153 |
| 379.340 | 0.0324319 | 0.0324583 | -0.0816 |
| 382.380 | 0.0369641 | 0.0368004 | 0.4428 |
| 382.640 | 0.0371640 | 0.0371940 | -0.0807 |
| 382.950 | 0.0376972 | 0.0376676 | 0.0788 |
| 388.700 | 0.0474948 | 0.0474239 | 0.1492 |
| 388.720 | 0.0475481 | 0.0474612 | 0.1827 |
| 392.370 | 0.0546930 | 0.0547055 | -0.0229 |
| 397.590 | 0.0667166 | 0.0666698 | 0.0701 |
| 398.060 | 0.0679563 | 0.0678472 | 0.1605 |
| 399.060 | 0.0705824 | 0.0704106 | 0.2434 |
| 406.430 | 0.0920570 | 0.0919285 | 0.1396 |
| 406.840 | 0.0932700 | 0.0932712 | -0.0012 |
| 411.630 | 0.1101458 | 0.1102075 | -0.0560 |
| 412.760 | 0.1147446 | 0.1145552 | 0.1651 |
| 413.980 | 0.1194901 | 0.1194087 | 0.0681 |
| 422.790 | 0.1599600 | 0.1597782 | 0.1137 |
| 423.530 | 0.1636924 | 0.1636282 | 0.0392 |
| 431.160 | 0.2075481 | 0.2079830 | -0.2095 |
| 432.230 | 0.2150129 | 0.2149262 | 0.0403 |
| 432.690 | 0.2180788 | 0.2179689 | 0.0504 |
| 441.850 | 0.2863284 | 0.2863139 | 0.0051 |
| 452.660 | 0.3877697 | 0.3884817 | -0.1836 |
| | | Ecart moy. % = | 0.2296 |

```
Nombre d'auteurs :    2
Nombre de points :    43
Ecart moyen %    : 0.1886
```

## 2. 1-METHYLNAPHTHALENE

Teb/K =   517.84 b/cm3 =   78.04 m1 = 11.96303 m2 =-0.01369   mm =
0.61184

1-methylnaphtalene, Camin,1955

| Texp/K | Pexp/bar | Pcal/bar | Ecart % |
|--------|----------|----------|---------|
| 415.290 | 0.0552262 | 0.0558671 | -1.1605 |
| 426.750 | 0.0831259 | 0.0839890 | -1.0384 |
| 430.689 | 0.0950829 | 0.0960445 | -1.0113 |
| 434.839 | 0.1093993 | 0.1102735 | -0.7991 |
| 440.362 | 0.1308606 | 0.1318906 | -0.7871 |
| 453.121 | 0.1943914 | 0.1954948 | -0.5676 |
| 458.655 | 0.2287695 | 0.2299999 | -0.5378 |
| 466.430 | 0.2853686 | 0.2867606 | -0.4878 |
| 473.680 | 0.3482596 | 0.3495056 | -0.3578 |
| 481.827 | 0.4315454 | 0.4328571 | -0.3039 |
| 490.525 | 0.5375323 | 0.5388474 | -0.2447 |
| 499.648 | 0.6704590 | 0.6714520 | -0.1481 |
| 509.393 | 0.8401232 | 0.8406442 | -0.0620 |
| 516.327 | 0.9806481 | 0.9804272 | 0.0225 |
| 517.099 | 0.9963908 | 0.9970627 | -0.0674 |
| 517.705 | 1.0101341 | 1.0102773 | -0.0142 |
| 518.476 | 1.0273964 | 1.0272894 | 0.0104 |

Ecart moy. % =   0.4483

1-methylnaphtalene, Wieczorek

| Texp/K | Pexp/bar | Pcal/bar | Ecart % |
|--------|----------|----------|---------|
| 424.430 | 0.0771940 | 0.0774999 | -0.3963 |
| 431.940 | 0.0992685 | 0.1001625 | -0.9005 |
| 439.570 | 0.1281013 | 0.1285899 | -0.3814 |
| 448.550 | 0.1696642 | 0.1703106 | -0.3810 |
| 455.650 | 0.2102008 | 0.2106929 | -0.2341 |
| 462.660 | 0.2573357 | 0.2579600 | -0.2426 |
| 469.180 | 0.3088561 | 0.3093787 | -0.1692 |
| 475.500 | 0.3662951 | 0.3668916 | -0.1629 |
| 483.330 | 0.4489811 | 0.4498569 | -0.1951 |
| 490.850 | 0.5424110 | 0.5431791 | -0.1416 |
| 499.080 | 0.6630209 | 0.6625023 | 0.0782 |
| 506.970 | 0.7970274 | 0.7957183 | 0.1642 |
| 513.410 | 0.9210097 | 0.9195408 | 0.1595 |
| 516.420 | 0.9860334 | 0.9824127 | 0.3672 |
| 517.750 | 1.0161192 | 1.0112640 | 0.4778 |
| 527.820 | 1.2621111 | 1.2520268 | 0.7990 |
| 536.840 | 1.5178871 | 1.5040078 | 0.9144 |
| 544.850 | 1.7788485 | 1.7595748 | 1.0835 |
| 552.880 | 2.0735348 | 2.0485698 | 1.2040 |
| 561.180 | 2.4174755 | 2.3847242 | 1.3548 |
| 568.490 | 2.7562174 | 2.7147926 | 1.5030 |
| 576.840 | 3.1836172 | 3.1337798 | 1.5654 |
| 584.380 | 3.6138696 | 3.5533033 | 1.6759 |
| 593.380 | 4.1536413 | 4.1089844 | 1.0751 |

Ecart moy. % =   0.6511

1-methylnaphtalene, Mokbel,1991

| Texp/K | Pexp/bar | Pcal/bar | Ecart % |
|--------|----------|----------|---------|
| 293.560 | 0.0000677 | 0.0000624 | 7.8681 |
| 303.530 | 0.0001453 | 0.0001392 | 4.1893 |
| 313.540 | 0.0002959 | 0.0002936 | 0.8018 |
| 323.570 | 0.0005865 | 0.0005873 | -0.1380 |
| 333.660 | 0.0011197 | 0.0011233 | -0.3174 |
| 343.660 | 0.0020422 | 0.0020437 | -0.0759 |
| 353.640 | 0.0035644 | 0.0035691 | -0.1312 |
| 363.650 | 0.0060158 | 0.0060208 | -0.0830 |
| 373.710 | 0.0098575 | 0.0098482 | 0.0942 |
| 382.720 | 0.0147816 | 0.0149081 | -0.8557 |
| 392.690 | 0.0227663 | 0.0229721 | -0.9041 |
| 402.680 | 0.0342754 | 0.0345325 | -0.7499 |
| 412.640 | 0.0502834 | 0.0506433 | -0.7158 |
| 422.550 | 0.0719180 | 0.0725555 | -0.8864 |
| 432.550 | 0.1014906 | 0.1022232 | -0.7218 |
| 442.480 | 0.1404782 | 0.1410604 | -0.4144 |
| 452.450 | 0.1910642 | 0.1916165 | -0.2890 |
| 462.460 | 0.2558360 | 0.2565007 | -0.2598 |

Ecart moy. % =     1.0831

Nombre d'auteurs :    3
Nombre de points :   59
Ecart moyen %     : 0.7245

### 3. 2-METHYLNAPHTHALENE

Teb/K =   514.20 b/cm3 =   78.04 m1 = 12.10217 m2 =-0.01032 mm =
0.61543

2-methylnaphtalene, Camin,1955

| Texp/K | Pexp/bar | Pcal/bar | Ecart % |
|--------|----------|----------|---------|
| 412.343 | 0.0553462 | 0.0555998 | -0.4583 |
| 418.581 | 0.0695026 | 0.0697820 | -0.4019 |
| 423.815 | 0.0833791 | 0.0839162 | -0.6441 |
| 427.726 | 0.0953761 | 0.0959752 | -0.6281 |
| 431.839 | 0.1093993 | 0.1101826 | -0.7160 |
| 437.305 | 0.1309806 | 0.1317321 | -0.5737 |
| 449.872 | 0.1942981 | 0.1947509 | -0.2331 |
| 455.472 | 0.2287828 | 0.2298906 | -0.4842 |
| 463.183 | 0.2854620 | 0.2866147 | -0.4038 |
| 470.384 | 0.3481396 | 0.3494233 | -0.3687 |
| 478.479 | 0.4315587 | 0.4329081 | -0.3127 |
| 487.113 | 0.5377322 | 0.5389834 | -0.2327 |
| 496.176 | 0.6707789 | 0.6718199 | -0.1552 |
| 512.763 | 0.9810880 | 0.9818085 | -0.0734 |
| 513.486 | 0.9971773 | 0.9975251 | -0.0349 |
| 514.107 | 1.0109739 | 1.0111825 | -0.0206 |
| 514.910 | 1.0291160 | 1.0290613 | 0.0053 |

Ecart moy. % =     0.3380

2-methylnaphtalene, Wieczorek

| Texp/K | Pexp/bar | Pcal/bar | Ecart % |
|--------|----------|----------|---------|
| 424.410 | 0.0862718 | 0.0856645 | 0.7039 |
| 431.870 | 0.1099058 | 0.1102953 | -0.3544 |
| 437.490 | 0.1318070 | 0.1325184 | -0.5397 |
| 443.040 | 0.1561210 | 0.1579846 | -1.1937 |
| 448.980 | 0.1875264 | 0.1895858 | -1.0982 |
| 454.990 | 0.2254636 | 0.2266754 | -0.5375 |
| 462.330 | 0.2784504 | 0.2798307 | -0.4957 |
| 469.350 | 0.3380621 | 0.3397762 | -0.5070 |
| 475.190 | 0.3953145 | 0.3972391 | -0.4868 |
| 482.640 | 0.4799866 | 0.4816950 | -0.3559 |
| 490.150 | 0.5796417 | 0.5809060 | -0.2181 |
| 498.490 | 0.7073698 | 0.7096078 | -0.3164 |
| 505.620 | 0.8349245 | 0.8368245 | -0.2276 |
| 512.260 | 0.9697575 | 0.9709899 | 0.1271 |
| 520.050 | 1.1484595 | 1.1495030 | -0.0909 |
| 527.840 | 1.3496892 | 1.3529261 | -0.2398 |
| 536.390 | 1.6051186 | 1.6076463 | -0.1575 |
| 544.440 | 1.8812629 | 1.8803387 | 0.0491 |
| 552.960 | 2.2113937 | 2.2068322 | 0.2063 |
| 560.970 | 2.5514686 | 2.5523398 | -0.0341 |
| 568.660 | 2.9263216 | 2.9219921 | 0.1479 |
| 576.950 | 3.3737963 | 3.3652812 | 0.2524 |
| 584.960 | 3.8542095 | 3.8409524 | 0.3440 |
| 593.440 | 4.4180152 | 4.3989073 | 0.4325 |
| 600.680 | 4.9494823 | 4.9225343 | 0.5445 |
| 608.350 | 5.5646618 | 5.5276168 | 0.6657 |
| 620.260 | 6.5286208 | 6.5771730 | -0.7437 |
| 629.320 | 7.3595730 | 7.4716294 | -1.5226 |
| 638.930 | 8.2126663 | 8.5178037 | -3.7154 |
| | | Ecart moy. % = | 0.5624 |

2-methylnaphtalene, Mokbel,1991

| Texp/K | Pexp/bar | Pcal/bar | Ecart % |
|--------|----------|----------|---------|
| 313.610 | 0.0003386 | 0.0003406 | -0.5942 |
| 323.590 | 0.0006745 | 0.0006756 | -0.1643 |
| 333.640 | 0.0012757 | 0.0012828 | -0.5550 |
| 343.630 | 0.0023114 | 0.0023224 | -0.4761 |
| 353.620 | 0.0040243 | 0.0040415 | -0.4265 |
| 362.410 | 0.0064117 | 0.0063864 | 0.3958 |
| 362.500 | 0.0064784 | 0.0064155 | 0.9704 |
| 372.460 | 0.0105667 | 0.0104426 | 1.1747 |
| 382.710 | 0.0168491 | 0.0167056 | 0.8520 |
| 382.740 | 0.0166905 | 0.0167278 | -0.2233 |
| 392.730 | 0.0256696 | 0.0257072 | -0.1465 |
| 402.710 | 0.0384304 | 0.0384975 | -0.1747 |
| 412.740 | 0.0563352 | 0.0564235 | -0.1566 |
| 422.740 | 0.0808691 | 0.0808331 | 0.0445 |
| 432.850 | 0.1138195 | 0.1139305 | -0.0975 |
| 442.750 | 0.1564769 | 0.1565607 | -0.0536 |
| 452.700 | 0.2116337 | 0.2118989 | -0.1253 |
| 462.660 | 0.2818589 | 0.2824398 | -0.2061 |
| | | Ecart moy. % = | 0.3798 |

Nombre d'auteurs : 3

```
Nombre de points :   64
Ecart moyen %    : 0.4514
```

## 4. 2-ETHYLNAPHTALENE

```
Teb/K =   531.08 b/cm3 =   87.42 m1 = 13.60856 m2 = 0.02607   mm =
0.65436
```

2-ethylnaphtalene, Mokbel,1991

| Texp/K | Pexp/bar | Pcal/bar | Ecart % |
|--------|----------|----------|---------|
| 283.670 | 0.0000106 | 0.0000106 | 0.0080 |
| 293.620 | 0.0000268 | 0.0000266 | 0.6607 |
| 303.600 | 0.0000644 | 0.0000626 | 2.7806 |
| 313.600 | 0.0001413 | 0.0001383 | 2.1221 |
| 323.590 | 0.0002893 | 0.0002882 | 0.3576 |
| 333.580 | 0.0005705 | 0.0005703 | 0.0458 |
| 343.620 | 0.0010797 | 0.0010797 | 0.0019 |
| 353.630 | 0.0019582 | 0.0019546 | 0.1818 |
| 363.000 | 0.0032765 | 0.0032882 | -0.3555 |
| 372.920 | 0.0055013 | 0.0055118 | -0.1905 |
| 382.850 | 0.0089284 | 0.0089509 | -0.2516 |
| 392.860 | 0.0141618 | 0.0141632 | -0.0101 |
| 402.870 | 0.0214253 | 0.0218019 | -1.7579 |
| 412.810 | 0.0321613 | 0.0326314 | -1.4618 |
| 422.840 | 0.0472882 | 0.0478895 | -1.2717 |
| 432.860 | 0.0679337 | 0.0687569 | -1.2119 |
| 442.860 | 0.0956388 | 0.0967085 | -1.1185 |
| 452.830 | 0.1319523 | 0.1334280 | -1.1183 |
| 462.850 | 0.1791485 | 0.1812817 | -1.1907 |

```
                    Ecart moy. % =      0.8472
```

```
Nombre d'auteurs :    1
Nombre de points :   19
Ecart moyen %    : 0.8472
```

## 5. 1,3 DIMETHYLNAPHTALENE

```
Teb/K =   538.35 b/cm3 =   88.27 m1 = 13.86846 m2 = 0.03235 mm = 0.66107
```

1,3-dimethylnaphtalene, Mokbel,1991

| Texp/K | Pexp/bar | Pcal/bar | Ecart % |
|--------|----------|----------|---------|
| 283.640 | 0.0000071 | 0.0000067 | 5.1029 |
| 293.610 | 0.0000183 | 0.0000173 | 5.0902 |
| 303.590 | 0.0000437 | 0.0000417 | 4.6524 |
| 313.560 | 0.0000972 | 0.0000938 | 3.4455 |
| 323.550 | 0.0002039 | 0.0001994 | 2.2383 |
| 333.640 | 0.0004012 | 0.0004044 | -0.7870 |
| 343.640 | 0.0007638 | 0.0007764 | -1.6432 |
| 353.630 | 0.0013917 | 0.0014256 | -2.4401 |
| 362.950 | 0.0024141 | 0.0024243 | -0.4236 |
| 372.780 | 0.0040723 | 0.0041004 | -0.6889 |
| 382.720 | 0.0066917 | 0.0067497 | -0.8674 |
| 392.710 | 0.0107133 | 0.0108026 | -0.8333 |
| 402.690 | 0.0165225 | 0.0168011 | -1.6860 |
| 412.680 | 0.0248311 | 0.0254731 | -2.5855 |

```
        422.700    0.0366748    0.0377528        -2.9394
        432.720    0.0530441    0.0547258        -3.1704
        442.650    0.0747000    0.0774846        -3.7277
        452.630    0.1032129    0.1078603        -4.5028
        462.570    0.1383441    0.1473740        -6.5271
                        Ecart moy. % =        2.8080
```

Nombre d'auteurs :    1
Nombre de points :    19
Ecart moyen %    : 2.8080

## 6.  1,4-DIMETHYLNAPHTALENE

Teb/K =   540.45 b/cm3 =   88.27 m1 = 13.65125 m2 = 0.02710 mm = 0.65546

1,4-dimethylnaphtalene, Mokbel,1991

```
    Texp/K      Pexp/bar      Pcal/bar          Ecart %
    283.610    0.0000067    0.0000063          5.7235
    293.610    0.0000167    0.0000163          2.0117
    303.600    0.0000404    0.0000393          2.6680
    313.610    0.0000910    0.0000888          2.4864
    323.660    0.0001933    0.0001895          1.9555
    333.630    0.0003826    0.0003812          0.3549
    343.620    0.0007305    0.0007318         -0.1836
    353.570    0.0013317    0.0013416         -0.7429
    363.540    0.0023221    0.0023666         -1.9150
    372.340    0.0037764    0.0037894         -0.3449
    382.360    0.0062438    0.0062753         -0.5049
    392.350    0.0100055    0.0100610         -0.5549
    402.900    0.0158080    0.0160632         -1.6143
    412.870    0.0237834    0.0243397         -2.3392
    422.930    0.0352618    0.0361391         -2.4877
    432.930    0.0509806    0.0523621         -2.7099
    442.870    0.0719713    0.0741876         -3.0794
    452.830    0.0996324    0.1032393         -3.6202
    462.860    0.1355994    0.1415054         -4.3554
                    Ecart moy. % =        2.0870
```

Nombre d'auteurs :    1
Nombre de points :    19
Ecart moyen %    : 2.0870

## 7.  1,5-DIMETHYLNAPHTALENE

Teb/K =   542.30 b/cm3 =   88.27 m1 = 13.71363 m2 = 0.02861 mm = 0.65707

1,5-dimethylnaphtalene, Mokbel,1991

```
    Texp/K      Pexp/bar      Pcal/bar          Ecart %
    353.570    0.0012450    0.0012344          0.8571
    363.570    0.0022088    0.0021895          0.8718
    372.980    0.0036697    0.0036308          1.0625
    383.010    0.0060598    0.0060237          0.5964
    393.020    0.0097256    0.0096790          0.4792
    402.980    0.0150042    0.0150839         -0.5312
```

```
     402.990   0.0151549   0.0150903        0.4259
     412.950   0.0227183   0.0229159       -0.8697
     422.960   0.0335916   0.0340445       -1.3482
     433.040   0.0489984   0.0495915       -1.2104
     442.960   0.0698732   0.0703637       -0.7020
     452.920   0.0971104   0.0981191       -1.0387
                    Ecart moy. % =      0.8328
```

Nombre d'auteurs :   1
Nombre de points :   12
Ecart moyen %    : 0.8328

## 8. 1,6-DIMETHYLNAPHTALENE

Teb/K =   538.15 b/cm3 =   88.27 m1 = 13.42174 m2 =-0.01259   mm =
0.64953

1,6-dimethylnaphtalene, Mokbel,1991

```
    Texp/K      Pexp/bar      Pcal/bar        Ecart %
    273.660   0.0000030   0.0000031       -5.8036
    283.640   0.0000079   0.0000085       -7.5444
    293.590   0.0000200   0.0000211       -5.4312
    303.560   0.0000465   0.0000491       -5.5611
    313.610   0.0001045   0.0001081       -3.4735
    323.610   0.0002146   0.0002241       -4.4367
    333.580   0.0004252   0.0004406       -3.6183
    343.570   0.0008051   0.0008283       -2.8811
    352.520   0.0014143   0.0014071        0.5111
    362.540   0.0024954   0.0024552        1.6107
    372.540   0.0041763   0.0041311        1.0823
    382.520   0.0068530   0.0067244        1.8759
    392.810   0.0112732   0.0107760        4.4101
    402.680   0.0175250   0.0164688        6.0268
    412.790   0.0264760   0.0248615        6.0981
    422.850   0.0390169   0.0365477        6.3286
    432.880   0.0563672   0.0525330        6.8022
    443.040   0.0795254   0.0743600        6.4953
    453.140   0.1104164   0.1031147        6.6129
    463.010   0.1506797   0.1396039        7.3506
                    Ecart moy. % =      4.6977
```

Nombre d'auteurs :   1
Nombre de points :   20
Ecart moyen %    : 4.6977

## 9. 2,3-DIMETHYLNAPHTALENE

Teb/K = *542.22 b/cm3 =   88.27 m1 = 13.99113 m2 = 0.03531 mm = 0.66424

2-3 dimethyl naphtalene, Osborn,1975

```
    Texp/K      Pexp/bar      Pcal/bar        Ecart %
    378.150   0.0045922   0.0046155       -0.5071
    383.150   0.0058825   0.0059238       -0.7014
    388.150   0.0075088   0.0075441       -0.4704
```

```
393.150   0.0095923   0.0095364        0.5829
398.150   0.0119890   0.0119690        0.1670
403.150   0.0150322   0.0149198        0.7481
408.150   0.0185314   0.0184763        0.2971
                Ecart moy. % =      0.4963
```

Nombre d'auteurs :    1
Nombre de points :    7
Ecart moyen %      : 0.4963

## 10. 2,6-DIMETHYLNAPHTALENE

Teb/K =   536.00 b/cm3 =   88.27 m1 = 13.59324 m2 = 0.02570   mm =
0.65396

2-6 dimethyl naphtalene, Osborn,1975

```
    Texp/K    Pexp/bar     Pcal/bar          Ecart %
    384.150   0.0080473   0.0080638         -0.2051
    388.150   0.0097376   0.0097286          0.0919
    398.150   0.0153295   0.0152467          0.5402
    403.150   0.0189606   0.0188949          0.3467
    408.150   0.0232955   0.0232674          0.1205
    413.150   0.0283969   0.0284769         -0.2818
    418.150   0.0344127   0.0346490         -0.6867
                    Ecart moy. % =      0.3247
```

Nombre d'auteurs :    1
Nombre de points :    7
Ecart moyen %      : 0.3247

## 11. 2,7 DIMETHYLNAPHTALENE

Teb/K = 536.20 b/cm3 = 88.27 m1 = 13.69380 m2 = 0.02813  mm =
0.65656

2-7 dimethyl naphtalene, Osborn,1975

| Texp/K | Pexp/bar | Pcal/bar | Ecart % |
|--------|----------|----------|---------|
| 369.150 | 0.0037484 | 0.0037482 | 0.0047 |
| 373.150 | 0.0046122 | 0.0046109 | 0.0288 |
| 378.150 | 0.0059199 | 0.0059293 | -0.1594 |
| 383.150 | 0.0075688 | 0.0075646 | 0.0548 |
| 388.150 | 0.0095789 | 0.0095781 | 0.0085 |
| 393.150 | 0.0120437 | 0.0120399 | 0.0316 |
| 398.150 | 0.0150349 | 0.0150294 | 0.0368 |

Ecart moy. % =    0.0464

Nombre d'auteurs :   1
Nombre de points :   7
Ecart moyen %    : 0.0464

## 12. 2-PHENYLNAPHTALENE

Teb/K = 632.40 b/cm3 = 107.54 m1 = 16.51991 m2 = 0.09641 mm = 0.72958

2-phenylnaphtalene, Mokbel,1991

| Texp/K | Pexp/bar | Pcal/bar | Ecart % |
|--------|----------|----------|---------|
| 373.170 | 0.0000833 | 0.0000833 | 0.0163 |
| 383.040 | 0.0001612 | 0.0001604 | 0.5270 |
| 392.960 | 0.0002920 | 0.0002977 | -1.9500 |
| 402.850 | 0.0005249 | 0.0005318 | -1.3143 |
| 413.130 | 0.0009341 | 0.0009379 | -0.4089 |
| 413.150 | 0.0009298 | 0.0009389 | -0.9821 |
| 423.130 | 0.0015900 | 0.0015773 | 0.7988 |
| 432.970 | 0.0025600 | 0.0025564 | 0.1398 |
| 442.980 | 0.0040700 | 0.0040671 | 0.0724 |
| 443.010 | 0.0040800 | 0.0040726 | 0.1825 |
| 453.050 | 0.0064000 | 0.0063256 | 1.1621 |
| 453.090 | 0.0063800 | 0.0063364 | 0.6829 |
| 462.940 | 0.0095800 | 0.0095389 | 0.4292 |
| 462.950 | 0.0096500 | 0.0095428 | 1.1105 |

Ecart moy. % =    0.6983

Nombre d'auteurs :   1
Nombre de points :   14
Ecart moyen %    : 0.6983

## 13. PHENANTHRENE

Teb/K = 613.15 b/cm3 = 91.29 m1 = 12.27462 m2 =-0.00616 mm = 0.61989

phenanthrene, Rami,2010

| Texp/K | Pexp/bar | Pcal/bar | Ecart % |
|--------|----------|----------|---------|
| 373.440 | 0.0002758 | 0.0003127 | -13.3696 |
| 393.460 | 0.0008553 | 0.0009741 | -13.8943 |
| 403.770 | 0.0015135 | 0.0016609 | -9.7405 |
| 413.340 | 0.0025130 | 0.0026499 | -5.4488 |
| 421.920 | 0.0039810 | 0.0039433 | 0.9467 |
| 431.910 | 0.0062021 | 0.0061179 | 1.3583 |
| 441.910 | 0.0094445 | 0.0092738 | 1.8078 |
| 451.880 | 0.0140388 | 0.0137367 | 2.1521 |
| 471.770 | 0.0291175 | 0.0283527 | 2.6265 |
| | | Ecart moy. % = | 5.7049 |

phenanthrene, Ilham,1994

| Texp/K | Pexp/bar | Pcal/bar | Ecart % |
|--------|----------|----------|---------|
| 382.000 | 0.0005370 | 0.0005171 | 3.7040 |
| 392.700 | 0.0009349 | 0.0009353 | -0.0465 |
| 402.770 | 0.0015800 | 0.0015794 | 0.0382 |
| 412.750 | 0.0025900 | 0.0025766 | 0.5167 |
| 422.800 | 0.0041800 | 0.0041029 | 1.8435 |
| 432.890 | 0.0065900 | 0.0063789 | 3.2034 |
| 442.940 | 0.0101300 | 0.0096674 | 4.5666 |
| 452.910 | 0.0148900 | 0.0142888 | 4.0376 |
| 462.860 | 0.0216000 | 0.0206839 | 4.2410 |
| | | Ecart moy. % = | 2.4664 |

phenanthrene, Mortimer,1923

| Texp/K | Pexp/bar | Pcal/bar | Ecart % |
|--------|----------|----------|---------|
| 506.950 | 0.0899775 | 0.0865577 | 3.8007 |
| 519.150 | 0.1257019 | 0.1221892 | 2.7944 |
| 519.250 | 0.1261018 | 0.1225251 | 2.8363 |
| 544.650 | 0.2438057 | 0.2366209 | 2.9469 |
| 544.650 | 0.2439390 | 0.2366209 | 3.0000 |
| 566.250 | 0.3995001 | 0.3917611 | 1.9372 |
| 566.350 | 0.3996334 | 0.3926345 | 1.7513 |
| 566.350 | 0.3997667 | 0.3926345 | 1.7841 |
| 579.550 | 0.5321336 | 0.5225885 | 1.7937 |
| 579.650 | 0.5326668 | 0.5236906 | 1.6851 |
| 597.650 | 0.7794051 | 0.7548028 | 3.1565 |
| 598.150 | 0.7847371 | 0.7607336 | 3.0588 |
| 598.550 | 0.7899358 | 0.7681992 | 2.7517 |
| 610.250 | 0.9877530 | 0.9602266 | 2.7868 |
| 610.250 | 0.9877530 | 0.9602266 | 2.7868 |
| 618.250 | 1.1522452 | 1.1120956 | 3.4845 |
| 618.850 | 1.1609097 | 1.1242078 | 3.1615 |
| 619.950 | 1.1782387 | 1.1466835 | 2.6782 |
| | | Ecart moy. % = | 2.6775 |

phenanthrene, Osborn,1975

| Texp/K | Pexp/bar | Pcal/bar | Ecart % |
|--------|----------|----------|---------|
| 373.150 | 0.0003039 | 0.0003072 | -1.0919 |
| 378.150 | 0.0004119 | 0.0004138 | -0.4536 |

```
     383.150    0.0005465    0.0005522         -1.0291
     388.150    0.0007358    0.0007304          0.7347
     393.150    0.0009598    0.0009581          0.1688
     398.150    0.0012477    0.0012468          0.0709
     403.150    0.0016103    0.0016100          0.0192
     408.150    0.0020715    0.0020635          0.3847
     413.150    0.0026487    0.0026261          0.8513
     418.150    0.0033525    0.0033193          0.9896
     423.150    0.0042069    0.0041680          0.9262
                      Ecart moy. % =        0.6109
```

```
Nombre d'auteurs :    4
Nombre de points :   47
Ecart moyen %     : 2.7331
```

## 14. ANTHRACENE

Teb/K = 614.96 b/cm3 = 91.29 m1 = 11.65669 m2 =-0.02109 mm = 0.60392

anthracene, Mortimer,1923

| Texp/K | Pexp/bar | Pcal/bar | Ecart % |
|--------|----------|----------|---------|
| 496.350 | 0.0639840 | 0.0620946 | 2.9530 |
| 501.150 | 0.0733150 | 0.0717192 | 2.1766 |
| 517.550 | 0.1145047 | 0.1145508 | -0.0403 |
| 517.750 | 0.1153045 | 0.1151815 | 0.1066 |
| 532.550 | 0.1696909 | 0.1705763 | -0.5218 |
| 532.950 | 0.1710239 | 0.1723338 | -0.7659 |
| 533.450 | 0.1735566 | 0.1745516 | -0.5733 |
| 555.150 | 0.2927268 | 0.2961135 | -1.1570 |
| 555.250 | 0.2929934 | 0.2968017 | -1.2998 |
| 573.050 | 0.4404232 | 0.4418365 | -0.3209 |
| 573.150 | 0.4416229 | 0.4427892 | -0.2641 |
| 573.750 | 0.4454886 | 0.4485375 | -0.6844 |
| 585.950 | 0.5770557 | 0.5790520 | -0.3460 |
| 586.350 | 0.5814546 | 0.5837956 | -0.4026 |
| 586.550 | 0.5825210 | 0.5861845 | -0.6289 |
| 600.550 | 0.7696742 | 0.7735233 | -0.5001 |
| 601.050 | 0.7776722 | 0.7809952 | -0.4273 |
| 601.150 | 0.7784720 | 0.7825053 | -0.5181 |
| 613.750 | 0.9893526 | 0.9911044 | -0.1771 |
| 613.650 | 0.9893526 | 0.9892933 | 0.0060 |

```
                      Ecart moy. % =        0.6935
```

anthracene, Nelson,1922

| Texp/K | Pexp/bar | Pcal/bar | Ecart % |
|--------|----------|----------|---------|
| 493.150 | 0.0568000 | 0.0563014 | 0.8778 |
| 498.150 | 0.0659900 | 0.0655679 | 0.6396 |
| 508.150 | 0.0881300 | 0.0879759 | 0.1749 |
| 513.150 | 0.1013300 | 0.1013835 | -0.0528 |
| 518.150 | 0.1161200 | 0.1164513 | -0.2853 |
| 523.150 | 0.1327900 | 0.1333349 | -0.4103 |
| 528.150 | 0.1513200 | 0.1522003 | -0.5818 |
| 533.150 | 0.1721200 | 0.1732181 | -0.6380 |
| 538.150 | 0.1953200 | 0.1965722 | -0.6411 |
| 543.150 | 0.2210500 | 0.2224546 | -0.6354 |
| 548.150 | 0.2497100 | 0.2510668 | -0.5433 |

```
            553.150    0.2813100    0.2826198        -0.4656
            558.150    0.3162400    0.3173322        -0.3454
            563.150    0.3545000    0.3554383        -0.2647
            573.150    0.4426300    0.4427908        -0.0363
            583.150    0.5472900    0.5467004         0.1077
            593.150    0.6704800    0.6693443         0.1694
            603.150    0.8138000    0.8130459         0.0927
            615.150    1.0132500    1.0167561        -0.3460
                        Ecart moy. % =        0.3846
```

anthracene, Stull,1947

```
     Texp/K     Pexp/bar     Pcal/bar          Ecart %
     490.650    0.0533300    0.0520985          2.3092
     504.950    0.0799900    0.0801987         -0.2609
     523.150    0.1333200    0.1333360         -0.0120
     552.150    0.2666400    0.2760634         -3.5341
                        Ecart moy. % =        1.5291
```

Nombre d'auteurs :   3
Nombre de points :   43
Ecart moyen %      : 0.6347

## 15. 9-METHYLANTHRACENE

Teb/K =   639.58 b/cm3 = 101.52 m1 = 13.69326 m2 = 0.02812 mm = 0.65655

9-methylanthracene, Mokbel,1991

```
     Texp/K     Pexp/bar     Pcal/bar          Ecart %
     363.440    0.0000494    0.0000498         -0.7922
     373.650    0.0001016    0.0000995          2.0872
     382.790    0.0001807    0.0001780          1.4958
     392.820    0.0003217    0.0003249         -0.9851
     402.760    0.0005691    0.0005694         -0.0600
     412.710    0.0009575    0.0009671         -1.0014
     422.780    0.0015900    0.0016037         -0.8623
     432.780    0.0025600    0.0025774         -0.6781
     442.760    0.0040400    0.0040336          0.1577
     452.810    0.0061900    0.0061827          0.1184
     462.860    0.0093000    0.0092674          0.3509
                        Ecart moy. % =        0.7808
```

Nombre d'auteurs :    1
Nombre de points :   11
Ecart moyen %      : 0.7808

### 2-ethylanthracene

Teb/K =   644.25 b/cm3 = 110.90 m1 = 15.19608 m2 = 0.06443 mm = 0.69538

2-ethylanthracene, Mokbel,1991

```
     Texp/K     Pexp/bar     Pcal/bar          Ecart %
     432.220    0.0019400    0.0019760         -1.8539
```

```
442.200    0.0031200    0.0031400        -0.6412
452.200    0.0049100    0.0048717         0.7802
462.100    0.0073800    0.0073557         0.3288
462.100    0.0074700    0.0073558         1.5292
                    Ecart moy. % =      1.0267
```

Nombre d'auteurs :   1
Nombre de points :   5
Ecart moyen %     : 1.0267

## 16.   FLUORANTHENE

Teb/K =   657.15 b/cm3 =   92.00 m1 = 12.47333 m2 =-0.00136 mm = 0.62502

fluranthene, Rami,2010

```
   Texp/K      Pexp/bar       Pcal/bar          Ecart %
   384.330    0.0001024      0.0001073         -4.7827
   392.710    0.0001816      0.0001794          1.1961
   403.993    0.0003526      0.0003445          2.2837
   412.858    0.0005846      0.0005586          4.4419
   422.919    0.0009498      0.0009392          1.1130
   433.256    0.0014853      0.0015550         -4.6923
                    Ecart moy. % =        3.0849
```

Nombre d'auteurs :   1
Nombre de points :    6
Ecart moyen %     : 3.0849

## 17. 1-2 BENZANTHRACENE

Teb/K =   711.15 b/cm3 = 114.77 m1 = 17.88465 m2 = 0.12939   mm =
0.76485

1-2 benzanthracene, Rami,2009

```
   Texp/K      Pexp/bar       Pcal/bar          Ecart %
   473.360    0.0010746      0.0011278         -4.9483
   463.330    0.0006560      0.0006934         -5.7047
   453.110    0.0004096      0.0004110         -0.3474
   443.100    0.0002534      0.0002393          5.5795
   433.170    0.0001418      0.0001357          4.3072
                    Ecart moy. % =        4.1774
```

Nombre d'auteurs :   1
Nombre de points :    5
Ecart moyen %     : 4.1774

### 1,2,3,4-dibenzanthracene

Teb/K =   791.15 b/cm3 = 138.24 m1 = 22.12226 m2 = 0.23177 mm =
0.87434

1,2,3,4 dibenzanthracene Rami 2009

```
   Texp/K      Pexp/bar       Pcal/bar          Ecart %
```

```
523.150   0.0006737   0.0006304          6.4198
503.150   0.0002192   0.0002377         -8.4566
483.150   0.0000822   0.0000809          1.5499
                 Ecart moy. % =      5.4754

Nombre d'auteurs :    1
Nombre de points :    3
Ecart moyen %    : 5.4754
```

# 18. ACENAPHTENE

Teb/K = 550.38 b/cm3 = 75.09 m1 = 11.89635 m2 =-0.01530 mm = 0.61012

acenaphtene, Mortimer,1923

| Texp/K | Pexp/bar | Pcal/bar | Ecart % |
|--------|----------|----------|---------|
| 420.350 | 0.0255936 | 0.0244579 | 4.4375 |
| 455.550 | 0.0847788 | 0.0864105 | -1.9247 |
| 483.350 | 0.1972840 | 0.2006326 | -1.6974 |
| 483.550 | 0.1986170 | 0.2017672 | -1.5861 |
| 500.350 | 0.3127218 | 0.3178357 | -1.6353 |
| 506.350 | 0.3625760 | 0.3705850 | -2.2089 |
| 519.350 | 0.4993418 | 0.5094078 | -2.0159 |
| 519.750 | 0.5037407 | 0.5142643 | -2.0891 |
| 520.150 | 0.5104057 | 0.5191580 | -1.7148 |
| 525.550 | 0.5791885 | 0.5889758 | -1.6898 |
| 525.650 | 0.5794551 | 0.5903364 | -1.8779 |
| 537.550 | 0.7639423 | 0.7712458 | -0.9560 |
| 537.550 | 0.7644755 | 0.7712458 | -0.8856 |
| 548.450 | 0.9776222 | 0.9734228 | 0.4296 |
| 548.550 | 0.9776222 | 0.9754618 | 0.2210 |
| 559.950 | 1.2400899 | 1.2301716 | 0.7998 |
| 560.150 | 1.2427559 | 1.2350664 | 0.6187 |
| 560.950 | 1.2570190 | 1.2547977 | 0.1767 |
|  | Ecart moy. % = | 1.4980 | |

acenaphtene, Stull,1947

| Texp/K | Pexp/bar | Pcal/bar | Ecart % |
|--------|----------|----------|---------|
| 387.950 | 0.0066660 | 0.0059784 | 10.3154 |
| 404.350 | 0.0133300 | 0.0126165 | 5.3526 |
| 421.850 | 0.0266600 | 0.0259438 | 2.6865 |
| 441.350 | 0.0533300 | 0.0534672 | -0.2572 |
| 454.350 | 0.0799900 | 0.0830912 | -3.8770 |
| 470.650 | 0.1333200 | 0.1385906 | -3.9534 |
| 495.250 | 0.2666400 | 0.2779661 | -4.2477 |
| 523.150 | 0.5332900 | 0.5570693 | -4.4590 |
| 550.650 | 1.0132500 | 1.0189218 | -0.5598 |
|  | Ecart moy. % = | 3.9676 | |

acenaphtene, Osborn,1975

| Texp/K | Pexp/bar | Pcal/bar | Ecart % |
|--------|----------|----------|---------|
| 368.150 | 0.0021491 | 0.0021810 | -1.4851 |
| 373.150 | 0.0028104 | 0.0028475 | -1.3207 |
| 378.150 | 0.0036423 | 0.0036868 | -1.2211 |
| 383.150 | 0.0046835 | 0.0047354 | -1.1077 |
| 388.150 | 0.0059794 | 0.0060358 | -0.9436 |
| 393.150 | 0.0075539 | 0.0076371 | -1.1018 |
| 398.150 | 0.0094897 | 0.0095955 | -1.1149 |
| 403.150 | 0.0118400 | 0.0119749 | -1.1397 |
| 408.150 | 0.0146900 | 0.0148479 | -1.0749 |
| 413.150 | 0.0180900 | 0.0182960 | -1.1387 |
|  | Ecart moy. % = | 1.1648 | |

acenaphtene, Mokbel,1991

```
Texp/K      Pexp/bar     Pcal/bar          Ecart %
362.840     0.0016263    0.0016275         -0.0752
372.780     0.0027913    0.0027927         -0.0498
382.830     0.0046668    0.0046612          0.1206
392.930     0.0075808    0.0075596          0.2797
402.790     0.0118957    0.0117880          0.9049
412.750     0.0181741    0.0179969          0.9752
412.760     0.0179035    0.0180043         -0.5630
422.780     0.0268679    0.0269032         -0.1312
432.850     0.0394315    0.0393890          0.1076
442.870     0.0565325    0.0563864          0.2585
452.970     0.0802266    0.0794068          1.0219
463.010     0.1116161    0.1096335          1.7762
                     Ecart moy. % =        0.5220
```

```
Nombre d'auteurs :    4
Nombre de points :   49
Ecart moyen %     : 1.6446
```

## 19. PYRENE

Tcb/K - 667.85 b/cm3 - 99.99 m1 = 12.89703 m2 = 0.00888 mm = 0.63597

pyrene, Tsypkina, 1955

```
Texp/K      Pexp/bar     Pcal/bar          Ecart %
529.550     0.0437300    0.0444436         -1.6318
543.150     0.0649300    0.0659118         -1.5121
550.150     0.0799900    0.0799958         -0.0072
561.850     0.1086600    0.1091378         -0.4397
566.150     0.1259900    0.1218609          3.2773
579.150     0.1793200    0.1680352          6.2931
589.150     0.2266500    0.2126522          6.1759
667.850     1.0132400    1.0132400          0.0000
                     Ecart moy. % =        2.4172
```

pyrene, Sasse, 1988

```
Texp/K      Pexp/bar     Pcal/bar          Ecart %
432.900     0.0011250    0.0011107          1.2680
442.760     0.0017880    0.0017696          1.0266
452.600     0.0027940    0.0027499          1.5793
462.400     0.0040570    0.0041717         -2.8284
467.310     0.0049010    0.0051003         -4.0662
                     Ecart moy. % =        2.1537
```

pyrene, Smith, 1980

```
Texp/K      Pexp/bar     Pcal/bar          Ecart %
425.150     0.0007830    0.0007564          3.3969
428.150     0.0008650    0.0008794         -1.6667
433.150     0.0011070    0.0011243         -1.5611
438.150     0.0014170    0.0014278         -0.7612
443.150     0.0017890    0.0018016         -0.7062
448.150     0.0022460    0.0022594         -0.5950
453.150     0.0028040    0.0028165         -0.4471
```

```
458.150    0.0034530    0.0034911            -1.1027
                    Ecart moy. % =      1.2796

Nombre d'auteurs :    3
Nombre de points :   21
Ecart moyen %    : 1.9211
```

**_Nombre de points :   480_**
**_Ecart moyen %     : 1.3643_**

# Annexe III

# Estimation des pressions de vapeur par le modèle Coniglio-Rauzy amélioré

# 1. ANTHRACENE

Teb/K =   614.96 b/cm3 =   91.29 m1 = 12.36703 m2 =-0.00393 mm =
0.62228
                    Ecart moy. % =       1.2164 Ecart abs. % =
0.0019
                    Ecart moy. % =       1.6225 Ecart abs. % =
0.0029
                    Ecart moy. % =       3.2751 Ecart abs. % =
0.0035

 Nombre d'auteurs :   3
 Nombre de points :   43
 Ecart moyen %     : 1.5874
 Ecart absolu :  0.00252


# 2. 9-METHYLANTHRACENE

Teb/K =   639.58 b/cm3 = 101.52 m1 = 14.11060 m2 = 0.03820  mm =
0.66733
                    Ecart moy. % =       5.7136 Ecart abs. % =
0.0001

 Nombre d'auteurs :   1
 Nombre de points :   11
 Ecart moyen %     : 5.7136
 Ecart absolu :  0.00010


# 3. 2-ETHYLANTHRACENE

Teb/K =   644.25 b/cm3 = 110.90 m1 = 15.54870 m2 = 0.07295  mm =
0.70449
                    Ecart moy. % =       3.4817 Ecart abs. % =
0.0002

 Nombre d'auteurs :   1
 Nombre de points :    5
 Ecart moyen %     : 3.4817
 Ecart absolu :  0.00019


# 4. ACENAPHTENE

Teb/K =   550.38 b/cm3 =  75.09 m1 = 11.27927 m2 =-0.03021  mm =
0.59417
                    Ecart moy. % =       1.9253 Ecart abs. % =
0.0084

```
                        Ecart moy. % =       3.7408 Ecart abs. % =
0.0070
                        Ecart moy. % =       7.4496 Ecart abs. % =
0.0005
                        Ecart moy. % =       4.5369 Ecart abs. % =
0.0008

  Nombre d'auteurs :   4
  Nombre de points :   49
  Ecart moyen %    : 4.0257
  Ecart absolu :  0.00469
```

## 5. PYRENE

```
Teb/K =  667.85 b/cm3 =  99.99 m1 = 12.86232 m2 = 0.00804  mm =
0.03500
                        Ecart moy. % =       2.4599 Ecart abs. % =
0.0039
                        Ecart moy. % =       2.0433 Ecart abs. % =
0.0001
                        Ecart moy. % =       1.6036 Ecart abs. % =
0.0000

  Nombre d'auteurs :   3
  Nombre de points :   21
  Ecart moyen %    : 2.0345
  Ecart absolu :  0.00153
```

## 6. PHENANTHRENE

```
Teb/K =  613.15 b/cm3 =  91.29 m1 = 12.36703 m2 =-0.00393  mm =
0.62228
                        Ecart moy. % =       5.5150 Ecart abs. % =
0.0002
                        Ecart moy. % =       3.4448 Ecart abs. % =
0.0003
                        Ecart moy. % =       2.7940 Ecart abs. % =
0.0169
                        Ecart moy. % =       1.3981 Ecart abs. % =
0.0000

  Nombre d'auteurs :   4
  Nombre de points :   47
  Ecart moyen %    : 3.1130
  Ecart absolu :  0.00659
```

## 7. FLUORANTHENE

```
  Teb/K =   657.15 b/cm3 =   92.00 m1 = 12.49574 m2 =-0.00082   mm =
0.62560
                        Ecart moy. % =       3.1931 Ecart abs. % =
0.0000

 Nombre d'auteurs :   1
 Nombre de points :   6
 Ecart moyen %     : 3.1931
 Ecart absolu :  0.00002
```

## 8.   1,2-BENZANTHRACENE

```
Teb/K =   711.15 b/cm3 = 114.77 m1 = 17.95371 m2 = 0.13105   mm =
0.76663
                        Ecart moy. % =       4.2911 Ecart abs. % =
0.0000

 Nombre d'auteurs :   1
 Nombre de points :   5
 Ecart moyen %     : 4.2911
 Ecart absolu :  0.00002
```

## 9.   1,2,3,4-DIBENZANTHRACENE

```
Teb/K =   791.15 b/cm3 = 138.24 m1 = 21.63626 m2 = 0.22003   mm =
0.86179
                        Ecart moy. % =       7.8577 Ecart abs. % =
0.0000

 Nombre d'auteurs :   1
 Nombre de points :   3
 Ecart moyen %     : 7.8577
 Ecart absolu :  0.00002
```

## 10. NAPHTALENE

```
Teb/K =   491.10 b/cm3 =   67.82 m1 = 10.43983 m2 =-0.05049   mm =
0.57248
                        Ecart moy. % =       0.0293 Ecart abs. % =
0.0001
                        Ecart moy. % =       0.2864 Ecart abs. % =
0.0001
```

```
Nombre d'auteurs :    2
Nombre de points :   43
Ecart moyen %    : 0.2206
Ecart absolu :  0.00014
```

### 11. 1-METHYLNAPHTALENE

```
Teb/K =   517.84 b/cm3 =   78.04 m1 = 12.22383 m2 =-0.00739  mm =
0.61858
                     Ecart moy. % =       0.0649 Ecart abs. % =
0.0002
                     Ecart moy. % =       0.5621 Ecart abs. % =
0.0101
                     Ecart moy. % =       2.7809 Ecart abs. % =
0.0002

 Nombre d'auteurs :    3
 Nombre de points :   59
 Ecart moyen %    : 1.0958
 Ecart absolu :  0.00423
```

### 12. 2-METHYLNAPHTALENE

```
Teb/K =   514.20 b/cm3 =   78.04 m1 = 12.22383 m2 =-0.00739  mm =
0.61858
                     Ecart moy. % =       0.1228 Ecart abs. % =
0.0003
                     Ecart moy. % =       0.4826 Ecart abs. % =
0.0213
                     Ecart moy. % =       0.9748 Ecart abs. % =
0.0002

 Nombre d'auteurs :    3
 Nombre de points :   64
 Ecart moyen %    : 0.5255
 Ecart absolu :  0.00980
```

### 13. 2-ETHYLNAPHTALENE

```
Teb/K =   531.08 b/cm3 =   87.42 m1 = 13.69595 m2 = 0.02818 mm = 0.65662
                     Ecart moy. % =       1.4348 Ecart abs. % =
0.0003

 Nombre d'auteurs :    1
 Nombre de points :   19
```

```
Ecart moyen %    : 1.4348
Ecart absolu :  0.00028
```

## 14. 1,3-DIMETHYLNAPHTALENE

```
Teb/K  =   538.35 b/cm3 =   88.27 m1 = 13.97044 m2 = 0.03481 mm = 0.66371
                      Ecart moy. % =       2.9340 Ecart abs. % =
0.0010

 Nombre d'auteurs :   1
 Nombre de points :   19
 Ecart moyen %    : 2.9340
 Ecart absolu :  0.00096
```

## 15. 1,4-DIMETHYLNAPHTALENE

```
Teb/K  =   540.45 b/cm3 =   88.27 m1 = 13.97044 m2 = 0.03481 mm = 0.66371
                      Ecart moy. % =       4.2106 Ecart abs. % =
0.0005

 Nombre d'auteurs :   1
 Nombre de points :   19
 Ecart moyen %    : 4.2106
 Ecart absolu :  0.00051
```

## 16. 1,5-DIMETHYLNAPHTALENE

```
Teb/K  =   542.30 b/cm3 =   88.27 m1 = 13.97044 m2 = 0.03481 mm = 0.66371
                      Ecart moy. % =       1.8958 Ecart abs. % =
0.0002

 Nombre d'auteurs :   1
 Nombre de points :   12
 Ecart moyen %    : 1.8958
 Ecart absolu :  0.00016
```

## 17. 1,6-DIMETHYLNAPHTALENE

```
Teb/K  =   538.15 b/cm3 =   88.27 m1 = 13.97044 m2 = 0.03481 mm = 0.66371
                      Ecart moy. % =       6.4097 Ecart abs. % =
0.0004
```

Nombre d'auteurs :    1
Nombre de points :   20
Ecart moyen %    : 6.4097
Ecart absolu :  0.00037


## 18. 2,3-DIMETHYLNAPHTALENE

Teb/K =   542.22 b/cm3 =   88.27 ml = 13.97044 m2 = 0.03481 mm = 0.66371
                        Ecart moy. % =        0.4896 Ecart abs. % =
0.0000

Nombre d'auteurs :    1
Nombre de points :    7
Ecart moyen %    : 0.4896
Ecart absolu :  0.00004


## 19. 2,6-DIMETHYLNAPHTALENE

Teb/K =   536.00 b/cm3 =   88.27 ml = 13.97044 m2 = 0.03481 mm = 0.66371
                        Ecart moy. % =        2.6981 Ecart abs. % =
0.0005

Nombre d'auteurs :    1
Nombre de points :    7
Ecart moyen %    : 2.6981
Ecart absolu :  0.00048


## 20. 2,7-DIMETHYLNAPHTALENE

Teb/K =   536.20 b/cm3 =   88.27 ml = 13.97044 m2 = 0.03481 mm = 0.66371
                        Ecart moy. % =        2.4821 Ecart abs. % =
0.0002

Nombre d'auteurs :    1
Nombre de points :    7
Ecart moyen %    : 2.4821
Ecart absolu :  0.00020


## 21. 2-PHENYLNAPHTALENE

Teb/K =   632.40 b/cm3 =  107.54 ml = 16.56827 m2 = 0.09758  mm =
0.73083

```
                    Ecart moy. % =      0.9185 Ecart abs. % =
0.0000

 Nombre d'auteurs :   1
 Nombre de points :   14
 Ecart moyen %     : 0.9185
 Ecart absolu :   0.00004
```

**Nombre de points :   480**
**Ecart moyen %     : 2.2360**

# Annexe IV

# Calcul des pressions de vapeur par

# PR-EOS

**Pression de vapeur du Phénanthrène.**

| t/°C | T/K | $P_{calculé}$ (PR) /Pa | Ecart Relatif (%) |
|------|--------|--------|--------|
| 100 | 373,15 | 26,88 | 2,65 |
| 110 | 383,15 | 48,89 | 1,79 |
| 120 | 393,15 | 85,84 | 1,44 |
| 130 | 403,15 | 145,92 | 1,54 |
| 140 | 413,15 | 240,72 | 2,06 |
| 150 | 423,15 | 386,28 | 2,95 |
| 160 | 433,15 | 604,16 | 4,15 |
| 170 | 443,15 | 922,69 | 5,63 |
| 180 | 453,15 | 1378,35 | 7,34 |
| 190 | 463,15 | 2017,09 | 9,24 |
| 200 | 473,15 | 2895,77 | 11,29 |
| | | *Ecart moyen* | *4,55* |

| Tc (K) | 869 |
|--------|--------|
| Pc (Pa) | $2,90.10^6$ |
| Vc (cm³/mol) | 554 |
| Omega | 0,472 |

**Pression de vapeur du Benzanthracène.**

| t/°C | T/K | $P_{calculé}$ (PR) /Pa | Ecart Relatif (%) |
|------|--------|--------|--------|
| 165 | 438,15 | 23,85 | -26,24 |
| 175 | 448,15 | 40,53 | -27,24 |
| 185 | 458,15 | 67,01 | -27,69 |
| 195 | 468,15 | 108,02 | -27,63 |
| 205 | 478,15 | 170,06 | -27,10 |
| 215 | 488,15 | 261,89 | -26,15 |
| 225 | 498,15 | 395,05 | -24,83 |
| | | *Ecart Moyen* | *-26,70* |

| Tc (K) | 979 |
|--------|--------|
| Pc (Pa) | $2,39.10^6$ |
| Vc (cm³/mol) | 690 |
| Omega | 0,569 |

**Pression de vapeur du Fluoranthène**

| t/°C | T/K | $P_{calculé}$ (PR) /Pa | Ecart Relatif (%) |
|------|--------|--------|--------|
| 110 | 383,15 | 5,50 | 41,48 |
| 120 | 393,15 | 10,66 | 42,73 |
| 130 | 403,15 | 19,87 | 41,78 |
| 140 | 413,15 | 35,75 | 39,08 |
| 150 | 423,15 | 62,27 | 34,85 |
| 160 | 433,15 | 105,24 | 29,16 |
| | | *Ecart moyen* | *38,18* |

| Tc (K) | 905 |
|--------|--------|

| | |
|---|---|
| Pc (Pa) | $2{,}61 \cdot 10^6$ |
| Vc (cm³/mol) | 655 |
| Omega | 0,227 |

# Références Bibliographiques

Albinet, A. Hydrocarbures aromatiques polycyccliques et leurs derivés nitrés et oxygénés dans l'air ambiant : Caractérisation physico-chimique et origine. **2006.** *Thèse - INERIS.*

Allemand, N., Jose, J. et Michou-Saucet, C. Réalisation d'un ensemble destiné à la mesure de faibles pressions de vapeur (domaine : 3-1000 Pa). **1986.** *Thermochimica Acta.* Vol.98 p.237-253.

Baek, S. O., Field, R. A., Goldstone, M. E., Kirk, P. W., Lester, J. N. et Perry, R. A review of atmospheric polycyclic aromatic hydrocarbons: sources, fate and behavior. **1991.** *Water, Air, and Soil Pollution.* Vol.60 p.279-300.

Bidleman, T. Estimation of Vapor pressures of Non-polar organic coumpounds by Capillary Gas Chromatography. **1984.** *Analytical Chemistry.* Vol.56 p.2490-2496.

Blair, R. et Munir, Z. Torsion Effusion study of sublimation of Barium Nitride. **1971.** *Journal Of Chemical Engineering Data.* Vol.16 (2) p.232-233.

Bondi, A. van der Waals Volumes and Radii. **1964.** *The Journal Of Physical Chemistry.* Vol.68 (3) p.441-451.

Booth, A. M., Markus, T., McFiggans, G., Percival, C. J., Mcgillan, M. R. et Topping, D. O. Design and construction of a simple Knudsen Effusion mass spectrometer (KEMS) system for vapor pressure measurment. **2009.** *Atmospheric Measurement Techniques.* Vol.2 p.355-361.

Bradley, R. S. et Cleasby, T. G. The vapour Pressure and Lattice Energy of Some Aromatic Ring Compounds. **1953.** *Journal of the Chemical Society.* p.1690–1692.

Camin, D. L. et Rossini, F. D. Physical properties of fourteen American Petroleum Institute research hydrocarbons, C9 to C15. **1955.** *J. Phys. Chem.* Vol.59 p.1173-1179.

Carrier, B., Rogalski, M. et Peneloux, A. Correlation and prediction of physical properties of hydrocarbons with modified Peng Robinson Equation of state. **1988.** *Ind. Eng. Chem. Res.* Vol.27 p.1714-1721.

Chandraa, D., Laub, K. H., Chiena, W.-M. et Garnera, M. Torsion effusion vapor pressure determinations of Os, Rh, Ru, W, Co, and Cr solid carbonyls. **2005.** *Journal of Physics and Chemistry of Solids.* Vol.66 p.241–245.

Chen, X., Oja, V., Chan, G. et Hajaligol, M. Vapor Pressure Characterization of Several Phenolics and Polyhydric Compounds by Knudsen Effusion Method. **2006.** *Journal of Chemical engineering data.* Vol.51 p.386-391.

Chickos, J. et Acree, W. Enthalpies of Sublimation of organic and organometallic compounds. **2002.** *Journal Of Physical And Chemical Reference Data.* Vol.31 (2) p.537-542.

Chickos, J. et Acree, W. Enthalpies of vaporization of organic and organometallic compounds. **2003.** *Journal Of Physical And Chemical Reference Data.* Vol.32 (2) p.519-526.

Chickos, J. et Hanshaw, W. Vapor pressures and vaporization enthalpies of the n-Alkanes from C21 to C30 at T=298.15 K by Correlation gas chromatography. **2004.** *Journal Of Chemical Engineering Data.* Vol.49 p.77-85.

Chickos, J., Webb, P., Nichols, G., Kiyobayashi, T., Cheng, P.-C. et Scott, L. The enthalpy of vaporization and sublimation of corannulene, coronene, and perylene at T = 298.15 K. **2002.** *Journal of Chemical Thermodynamics.* Vol.34 p.1195-1206.

Chickos, J., Wentz, A. et Hillesheim-Cox, D. Measurement of the Vaporization Enthalpy of Complex Mixtures by Correlation-Gas Chromatography. The Vaporization Enthalpy of RJ-4, a High-Energy-Density Rocket Fuel at T ) 298.15 K. **2003.** *Industrial and Engineering Chemistry Research.* Vol.42 p.2874-2877.

Chickos, J. et Acree, W. Enthalpies of Vaporization of Organic and Organometallic Compounds. 1880-2002. **2003.** *Journal of physical and Chemical reference Data.* Vol.32 p.519-879.

Chickos, J. S. et Hanshaw, W. Vapor Pressures and Vaporization Enthalpies of the n-Alkanes from C31 to C38 at T = 298.15 K by Correlation Gas Chromatography. **2004.** *Journal of Chemical and Engineering Data.* Vol.49 p.620-630.

Chickos, J. S., Wang, T. et Sharma, E. Hypothetical Thermodynamic Properties: Vapor Pressures and Vaporization Enthalpies of the Even n-Alkanes from C40 to C76 at T = 298.15 K by Correlation-Gas Chromatography. Are the Vaporization Enthalpies a Linear Function of Carbon Number? **2008.** *Journal of Chemical and Engineering Data.* Vol.53 p.481-491.

Chickos, J. S. et Wilson, J. Vaporization Enthalpies at 298.15 K of the n-Alkanes from C21 to C28 and C30. **1997.** *Journal of Chemical and Engineering Data.* Vol.42 p.190-197.

DeKruif, C. G. Enthalpies of Sublimation and vapor pressure of 11 polycyclic aromatic hydrocarbons. **1980.** *Journal of Chemical Thermodynamics.* Vol.12 p.243-248.

DelleSite, A. The vapor pressure of environmentally significant oragnic chemicals : A review of methods and data at ambient temperature. **1997.** *Journal of Physical Chemical Reference Data.* Vol.26 (1) p.157-189.

Denisova, N. D., Sofranov, E. K. et Bystrova, O. N. Vapor pressure and heat of sublimation of zirconium and hafnium tetrachlorides. **1966.** *Russian Journal of Physical Chemistry.* Vol.11 (10) p.2185-2195.

Doornaert, B. et Pichard, A. Hydrocarbures Aromatiques Polycycliques (HAPs) évaluation de la relation dose-réponse pour des effets cancérigènes : Approche substance par substance (facteurs d'équivalence toxique - FET) et approche par mélanges. **2006.** *INERIS.*

Fowler, L., Trump, W. N. et Vogler, C. E. Vapor pressure of naphthalene. **1968.** *Journal of Chemical and Engineering Data.* Vol.13 (2) p.209-210.

Goldfarb, J. et Suuberg, E. Vapor Pressures and Enthalpies of Sublimation of Ten Polycyclic Aromatic Hydrocarbons Determined via the Knudsen Effusion Method. **2008.** *Journal of Chemical engineering data.* Vol.53 (3) p.670-376.

Hamilton, D. Gas chromatographic measurement of volatility of herbicide esters. **1980.** *Journal of Chromatography.* Vol.195 p.75-83.

Hernandez-Garduza, O., Garcia-Sanchez, F., Apam-Martinez, D. et Vazquez-Romanb, R. Vapor pressures of pure compounds using the Peng–Robinson equation of state with three different attractive terms. **1980.** *Fluid Phase Equilibria.* Vol.198 p.195-228.

Himeno, S., Kitano, E. et Chaen, N. Simultaneous determination of Zr(IV) and Hf(IV) by CE using precolumn complexation with a $[PW_{11}O_{39}]^{7-}$ ligand. **2007.** *Electrophoresis.* Vol.28 p.1525-1529.

HueiChen, B. et ChangChen, Y. Formation of Polycyclic Aromatic Hydrocarbons in the Smoke from Heated Model Lipids and Food Lipids. **2001.** *J. Agric. Food Chem.* Vol.49 p.5238-5243.

INERIS. Evaluation des risques sanitaires dans les études d'impact des substances chimiques. **2003.** p.1-152.

Kelley, J. et Rice, F. The Vapor Pressures of Some Polynuclear Aromatic Hydrocarbons. **1964.** *Journal of Physical Chemistry.* Vol.68 (12) p.3794-3796.

Kim, J. et Spink, D. Vapor pressure in systems sodium chloride-potassium chloride(8:29 molar)-zirconium tetrachloride and sodium chloride-potassium chloride(8:29 molar)-hafnium chloride. **1974.** *Journal of Chemical and Engineering Data.* Vol.19 (1) p.36-42.

Kipouros, G. L. et Flengas, S. N. Equilibrium decomposition pressures of the compounds potassium hexachlorozirconate(IV) and potassium hexachlorohafnate(IV). **1978.** *Canadian Journal of Chemistry.* Vol.56 (11) p.1549-1554.

Kudchadker, A. P. et Zwolinski, B. J. Vapor Pressures and Boiling Points of Normal Alkanes, C21 to C100. **1966.** *Journal of Chemical and Engineering Data.* Vol.11 p.253-255.

Lei, Y. D., Chankalal, R., Chan, A. et Wania, F. Supercooled Liquid Vapor Pressures of the Polycyclic Aromatic Hydrocarbons. **2002.** *Journal of Chemical Engineering Data.* Vol.47 p.801-806.

Lemmon, E. W. et Goodwin, A. R. H. Critical Properties and Vapor Pressure Equation for Alkanes with n < 36 and Isomers for n = 4 Through n = 9. **2000.** *Journal of Physical and Chemical Reference Data.* Vol.29 p.1.

Lide, D. R. **2003.** *Handbook of Chemistry and Physics, 84th Edition.* CRC Press Editor. Boca Raton, Florida

Lister, R. L. et Flengas, S. N. The synthesis and properties of the anhydrous hexachlorozirconates of sodium and potassium. **1964.** *Canadian Journal of Chemistry.* Vol.42 (5) p.1102-1107.

Luch, A. **2005.** *The Carcinogenic Effects of Polycyclic Aromatic Hydrocarbons.*

Ma, Y.-G., DuanLei, Y., Xiao, H., Wania, F. et Wang, W.-H. Critical Review and Recommended Values for the Physical-Chemical Property Data of 15 Polycyclic

Aromatic Hydrocarbons at 25 °C. **2009.** *Journal of Chemical Engineering Data.* Vol.55 p.819-825.

Macknick, A. B. et Prausnitz, J. M. Vapor pressures of high-molecular-weight hydrocarbons. **1979.** *Journal of Chemical Engineering Data.* Vol.24 p.175-178.

Mazee, W. M. Some Properties of Hydrocarbons Having More than Twenty Carbon Atoms. **1948.** *Recueil des travaux chimiques des Pays-bas.* Vol.67 p.197-213.

Mokbel, I. Mesure des pressions de vapeur entre 1 Pa et 2 bar par la methode statique. Amelioration de l'appareil. Etude de corps purs et binaire. **1993.** *Thèse UCBL1.*

Mokbel, I., Rauzy, E., Loiseleur, H., Berro, C. et Jose, J. Vapor pressures of 12 alkylcyclohexanes, cyclopentane, butylcyclopentane and trans-decahydronaphthalene down to 0.5 Pa. Experimental results, correlation and prediction by an equation of state. **1995.** *Fluid Phase Equilibria.* Vol.108 p.103-120.

Mokbel, I., Rauzy, E., Meille, J. P. et Jose, J. Low vapor pressures of 12 aromatic hydrocarbons. Experimental and calculated data using a group contribution method. **1998.** *Fluid Phase Equilibria.* Vol.147 p.271-284.

Morgan, D. et Kobayashi, R. Direct vapor pressure measurements of ten n-alkanes in the $C_{10}$-$C_{28}$ range. **1994.** *Fluid Phase Equilibria.* Vol.97 p.211-242.

Morozov, A. I., Solovkina, O. A. et Evdokimov, V. I. Potassium aluminum chloride ($KAl_2Cl_7$) and its thermal stability. **1982.** *Russian Journal of Inorganic Chemistry.* Vol.27 (8) p.2075-2084.

Mortimer, F. S. et Murphy, R. V. The vapor pressures of some substances found in coal tar. **1923.** *Ind. Eng. Chem.* Vol.15 p.1140-1142.

Murray, J., Pottie, R. et Pupp, C. The Vapor Pressures and Enthalpies of Sublimation of Five Polycyclic Aromatic Hydrocarbons. **1974.** *Canadian Journal of Chemistry.* Vol.52 p.557-563.

Nichols, G., Kweskin, S., Frericks, M., Reiter, S., Wang, G., Orf, J., Carvallo, B., Hillesheim, D. et Chickos, J. Evaluation of the Vaporization, Fusion, and Sublimation Enthalpies of the 1-Alkanols: The Vaporization Enthalpy of 1-, 6-, 7-, and 9-Heptadecanol, 1-Octadecanol, 1-Eicosanol, 1-Docosanol, 1-Hexacosanol, and Cholesterol at T ) 298.15 K by Correlation Gas Chromatography. **2006.** *Journal of Chemical Engineering Data.* Vol.51 p.475-482.

Nielson, L., Egorov, E., Chuvilina, E., Arzhatikan, O. et Fedorov, V. Solid-Liquid and Liquid-Vapor Equilibria in the Zr(Hf)Cl₄-KAlCl₄ systems : A basis for the extractive distillation separation of Zirconium and Hafnium tetrachlorides. **2009.** *Journal of Chemical and Engineering Data.* Vol.54 p.726-729.

Oja, V. et Suuberg, E. Vapor Pressures and Enthalpies of Sublimation of Polycyclic Aromatic Hydrocarbons and Their Derivatives. **1998.** *Journal of Chemical Engineering Data.* Vol.43 p.486-492.

Osborn, A. G. et Doulsin, D. R. Vapor Pressures and Derived Enthalpies of Vaporization for Some Condensed-Ring Hydrocarbons. **1975.** *Journal of Chemical Engineering Data.* Vol.20 (3) p.229.

Paasivirta, J., Sinkkonen, S., Mikkelson, P., Rantio, T. et Wania, F. Estimation of vapor pressures, solubilities and Henry's law Constants of selected persistent organic pollutants as Functions of temperature. **1999.** *Chemosphere.* Vol.39 (5) p.811-832.

Peacock, A. et Fuchs, R. Enthalpy of vaporization measurement by gas chromatography. **1977.** *Journal of the American Chemical Society.* Vol.Communication to editor p.5524-5525.

Peng, D. et Robinson, D. A New Two-Constant Equation of State. **1976.** *Ind. Eng. Chem. Fundam.* Vol.1 p.59-64.

Piacente, V., Fontana, D. et Scardala, P. Enthalpies of Vaporization of a Homologous Series of n-Alkanes Determined from Vapor Pressure Measurements. **1994.** *Journal of Chemical and Engineering Data.* Vol.39 (231-237)

Pickles, C. A. et Flengas, S. N. Separation of HfCl₄ from ZrCl₄ by reaction with solid and liquid alkali chlorides under non-equilibrium conditions. **1997.** *Canadian Metallurgical Quarterly.* Vol.36 (2) p.131-136.

Potter, T. et Simmons, K. Composition of Petroleum Mixtures (Total Petroleum Hydrocarbon Criteria Working Group Series). **1998.** *Amherst Scientific Publishing USA.*

Razzouk, A. Contribution à la séparation des produits issus d'un réacteur Fisher-Tropsch : pression de vapeur de paraffines lourdes, étude des equilibres polyphasiques de systèmes à multiconstituants. **2006.** *Thèse UCBL1.*

Redlich, O. et Kwong, J. N. S. On the Thermodynamics of Solutions. V. An Equation of State. Fugacities of Gaseous Solutions. **1949.** *Chem. Rev.* Vol.44 (1) p.233-244.

RibeirodaSilva, M. et Monte, M. The construction testing and use of a new Knudsen effusion apparatus. **1990.** *Thermochimica Acta.* Vol.171 p.169-183.

RibeirodaSilva, M., Monte, M. et Santos, L. The design, construction, and testing of a new Knudsen effusion apparatus. **2006.** *Journal of Chemical Thermodynamics.* Vol.38 p.778-787.

Roux, M. V., Temprado, M., Chickos, J. S. et Nagano, Y. Critically Evaluated Thermochemical Properties of Polycyclic Aromatic Hydrocarbons. **2008.** *J. Phys. Chem. Ref. Data.* Vol.37 (4) p.1855.

Sabbah, R., Xu-wu, A., Chickos, J. S., Leitão, M. L. P., Roux, M. V. et Torres, L. A. Reference materials for calorimetry and differential thermal analysis. **1999.** *Thermochimica Acta.* Vol.331 p.93-204.

Sawaya, T., Mokbel, I., Ainous, N., Rauzy, E., Berro, C. et Jose, J. Experimental Vapor Pressures of Six n-Alkanes (C21, C23, C25, C27, C29, C30) in the Temperature Range between 350 K and 460 K. **2006.** *Journal of Chemical Engineering Data.* Vol.51 p.854-858.

Sawaya, T., Mokbel, I., Rauzy, E., Saab, J., Berro, C. et Jose, J. Experimental vapor pressures of alkyl and aryl sulfides Prediction by a group contribution method. **2004.** *Fluid Phase Equilibria.* Vol.226 p.283-288.

Soave, G. Equilibrium constants from a modified Redlich-Kwong equation of state. **1972.** *Chemical Engineering Science.* Vol.27 p.1197-1203.

Sonnefeld, W. J., Zoller, W. H. et May, W. E. Dynamic coupled-column liquid chromatographic determination of ambient temperature vapor pressures of polynuclear aromatic hydrocarbons. **1983.** *Analytical Chemistry*. Vol.5 p.275-280.

Stull, D. R. Vapor pressure of pure substances. Organic compounds. **1947.** *Ind. Eng. Chem.* Vol.39 p.517-560.

Tangri, R. P. et Bose, D. K. Vapour pressure measurement of zirconium chloride and hafnium chloride by the transpiration technique. **1994.** *Thermochimica Acta*. Vol.244 p.249-256.

Tangri, R. P., Bose, D. K. et Gupta, C. K. Vapor pressure of ZrCl₄ and HfCl₄ over melt systems KCl + AlCl₃ (1:1.04 mol) + ZrCl₄ and KCl + AlCl₃ (1:1.04 mol) + HfCl₄. **1995.** *Journal of Chemical and Engineering Data*. Vol.40 p.823-827.

Terzi, M. et Constantinescu, M. Vapor pressure in molten (Zr,Hf)Cl₄-KAlCl₄ systems. **1994.** *Revue Roumaine de la chimie*. Vol.39 (7) p.737-749.

Tsypkina, O. Y. Effect of vacuum on the separation of polycyclic compounds of coal-tar resins by rectification. **1955.** *J. Appl. Chem.* Vol.28 p.167-172.

Tu, C. H. Group Contribution Method For the Estimation of Vapor Pressures. **1994.** *Fluid Phase Equilibria*. Vol.99 p.105-120.

Verevkin, S. Vapor pressure measurements on fluorene and methyl-fluorenes. **2004.** *Fluid Phase Equilibria*. Vol.225 p.145-152.

Verevkin, S. et Emel'yanenko, V. Transpiration method: Vapor pressures and enthalpies of vaporization of some low-boiling esters. **2008.** *Fluid Phase Equilibria*. Vol.266 p.64-75.

Viola, J. et Seegmiller, D. Vapor pressure of Aluminium chloride systems. **1977.** *J. Chem. Eng. Data*. Vol.4 (22) p.367-370.

Wleczorek, S. et Kobayashi, R. Heats of Vaporization of Five Polynuclear Aromatic Compounds at Elevated Temperatures. **1981.** *Journal of Chemical and Engineering Data*. Vol.26 (1) p.11-13.

Wleczorek, S. et Kobayashi, R. Vapor pressure measurements of 1-Methylnaphthalene, 2-Methylnaphthalene, and 9, IO-Dihydrophenanthrene at Elevated Temperatures. **1981.** *Journal of Chemical and Engineering Data*. Vol.26 (1) p.8-11.

# RESUME

Depuis quelques années, nous assistons à une prise de conscience croissante des effets à long terme des polluants chimiques sur l'environnement et la santé humaine. Il est donc nécessaire d'étudier non seulement leurs propriétés écotoxicologiques mais également leurs propriétés physicochimiques tels que la tension de vapeur (ou volatilité) et leur solubilité dans l'eau.

L'Europe, quant à elle, a introduit la réglementation REACH (Registration, Evaluation and Autorisation of CHemicals) qui est entrée en vigueur le 1 juin 2007 dont le principal objectif est une meilleure connaissance des propriétés environnementales et sanitaires des substances chimiques.

De même dans l'industrie, la détermination de la tension de vapeur des corps purs est une donnée indispensable pour les opérations de purification et de séparation.

Dans ce but nous avons amélioré un appareil à saturation de gaz inerte existant au laboratoire. Une fois le bon fonctionnement de l'appareil vérifié (par mesure de la tension de vapeur d'un composé de référence : le phénanthrène) nous avons étudié des n-alcanes compris entre le $C_{30}$ et le $C_{60}$ ainsi que 8 hydrocarbures aromatiques polycycliques dans un large domaine de température (20 à 320 °C) et de pression ($10^{-1}$ Pa à $10^{-7}$ Pa). Les résultats obtenus ont été comparés avec la littérature lorsque celle-ci est disponible.

La détermination des tensions de vapeur de composés inorganiques d'intérêt industriel : tétrachlorure de Zirconium ($ZrCl_4$) et le tétrachlorure d'hafnium ($HfCl_4$) a été également entreprise.

Les résultats expérimentaux des hydrocarbures polyaromatiques nous ont permis l'amélioration d'une équation d'état cubique (dérivée de celle de Peng-Robinson) dont les paramètres sont estimés par une méthode de contribution de groupes développée par Rauzy-Coniglio. Les tensions de vapeur prédites par le modèle sont en bon accord avec les valeurs expérimentales.

## ABSTRACT

For a few years, we have attended an increasing importance of the long-term effects of the chemical pollutants on the environment and human health. It is thus necessary to study not only their ecotoxicological properties but also their physico-chemical properties such as the vapor pressure (or volatility) and aqueous solubility. In Addition, the introduction of the regulation REACH (Registration, Evaluation and Authorization of CHemicals) in June 2007 whose main objective is a better knowledge of the environmental and medical properties of chemical substances has increased the necessity of compound characterization.

From an industrial point of view, the determination of the vapor pressure of the pure substances is an essential data in many unit operations such as purification and separation. Thus, we improved an apparatus with saturation of inert gas existing at the laboratory. Once the good performance of the apparatus checked (by measurement of the vapor pressure of a reference compound: phenanthrene) we studied N-alkanes ranging between $C_{30}$ and $C_{60}$ and 8 polycyclic aromatic hydrocarbons in a broad temperature range (20 to 320 °C) and of pressure ($10^{-1}$ Pa with $10^{-7}$ Pa). The obtained results were compared with the literature when available. In addition, determination of the vapor pressure of inorganic compounds of industrial interest: zirconium tetrachloride ($ZrCl_4$) and the hafnium tetrachloride ($HfCl_4$) was also undertaken. The experimental results of polyaromatic hydrocarbons have allowed us to improve a cubic equation of state (derivative of Peng-Robinson EOS) whose parameters are estimated by a method of contribution of groups developed by Rauzy-Coniglio. The predicted vapor pressures were in good agreement with the experimental values.

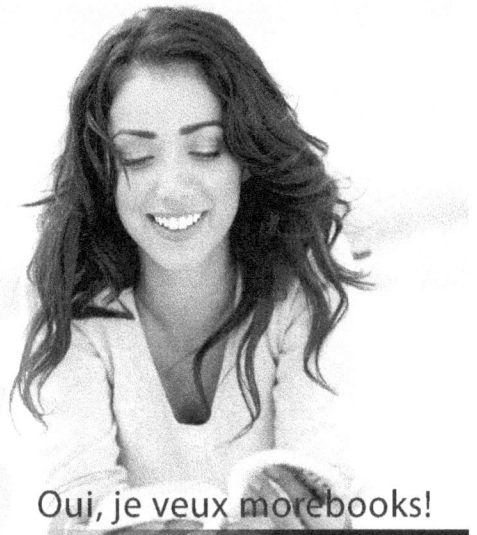

www.ingramcontent.com/pod-product-compliance
Lightning Source LLC
Chambersburg PA
CBHW021048210326
41598CB00016B/1138